风力发电职业技能鉴定教材

风力发电机组电气装调工——中级

《风力发电职业技能鉴定教材》编写委员会 组织编写

知识产权出版社
全国百佳图书出版单位

图书在版编目（CIP）数据

风力发电机组电气装调工：中级／《风力发电职业技能鉴定教材》编写委员会组织编写.
—北京：知识产权出版社，2016.3
　　风力发电职业技能鉴定教材
　　ISBN 978-7-5130-3908-6

Ⅰ.①风…　Ⅱ.①风…　Ⅲ.①风力发电机—发电机组—电气设备—装配（机械）②风力
发电机—发电机组—电气设备—调试方法　Ⅳ.①TM315

中国版本图书馆 CIP 数据核字（2015）第 273071 号

内容提要

本书主要介绍电缆准备与电气连接、发电机装配、电源变流器装配、偏航、变桨系统、
装配、冷却控制系统装配，以及风电机组厂内调试前准备等理论知识和操作内容；同时，还
相应介绍了电气的原理，元器件设备及电缆的使用原理。

本书的特点是从风电专业出发，论述了风电机组中主要电气部件和基本的电气原理，体
现了电气在风电行业中的应用。

本书可以作为风电行业从业人员及相关工程技术人员参考用书使用。

策划编辑：刘晓庆

责任编辑：刘晓庆　于晓菲　　　　　　　　　　　　　　**责任出版：刘译文**

风力发电职业技能鉴定教材

风力发电机组电气装调工——中级

FENGLI FADIAN JIZU DIANQI ZHUANGTIAOGONG——ZHONGJI

《风力发电职业技能鉴定教材》编写委员会　组织编写

出版发行：知识产权出版社 有限责任公司	网　　址：http://www.ipph.cn
电　　话：010-82004826	http://www.laichushu.com
社　　址：北京市海淀区西外太平庄 55 号	邮　　编：100081
责编电话：010-82000860 转 8363	责编邮箱：yuxiaofei@cnipr.com
发行电话：010-82000860 转 8101/8029	发行传真：010-82000893/82003279
印　　刷：北京嘉恒彩色印刷有限责任公司	经　　销：各大网上书店、新华书店及相关专业书店
开　　本：787mm×1000mm　1/16	印　　张：14.75
版　　次：2016 年 3 月第 1 版	印　　次：2016 年 3 月第 1 次印刷
字　　数：237 千字	定　　价：30.00 元

ISBN 978-7-5130-3908-6

《风力发电职业技能鉴定教材》编写委员会

委员会名单

序　言

近年来，我国风力发电产业发展迅速。自 2010 年年底至今，风力发电总装机容量连续 5 年位居世界第一，风力发电机组关键技术日趋成熟，风力发电整机制造企业已基本掌握兆瓦级风力发电机组关键技术，形成了覆盖风力发电场勘测、设计、施工、安装、运行、维护、管理，以及风力发电机组研发、制造等方面的全产业链条。目前，风力发电机组研发专业人员、高级管理人员、制造专业人员和高级技工等人才储备不足，尚未能满足我国风力发电产业发展的需求。

对此，中国电器工业协会委托下属风力发电电器设备分会开展了技术创新、质量提升、标准研究、职业培训等方面工作。其中，对于风力发电机组制造工专业人员的培养和鉴定方面，开展了如下工作：

2012 年 8 月起，中国电器工业协会风力发电电器设备分会组织开展风力发电机组制造工领域职业标准、考评大纲、试题库和培训教材等方面的编制工作。

2012 年年底，中国电器工业协会风力发电电器设备分会组织风力发电行业相关专家，研究并提出了"风力发电机组电气装调工""风力发电机组机械装调工""风力发电机组维修保养工""风力发电机组叶片成型工"共四个风力发电机组制造工职业工种需求，并将其纳入《中华人民共和国职业分类大典（2015版）》。

2014 年 12 月初，由中国电器工业协会风力发电电器设备分会与金风大学联合承办了"机械行业职业技能鉴定风力发电北京点"，双方联合牵头开展了风力发电机组制造工相关国家职业技能标准的编制工作，并依据标准，组织了本套教材的编制。

希望本教材的出版，能够帮助风力发电制造企业、大专院校等，在培养风力发电机组制造工方面，提供一定的帮助和指导。

中国电器工业协会

前　言

为促进风力发电行业职业技能鉴定点的规范化运作，推动风力发电行业职业培训与职业技能鉴定工作的有效开展，大力培养更多的专业风力发电人才，中国电器工业协会风力发电电器设备分会与金风大学在合作筹建风力发电行业职业技能鉴定点的基础上，共同组织完成了风力发电机组维修保养工、风力发电机组电器装调工和风力发电机组机械装调工，三个工种不同级别的风力发电行业职业技能鉴定系列培训教材。

本套教材是以"以职业活动为导向，以职业技能为核心"为指导思想，突出职业培训特色，以鉴定人员能够"易懂、易学、易用"为基本原则，力求通俗易懂、理论联系实际，体现了实用性和可操作性。在结构上，教材针对风力发电行业三个特有职业领域，分为初级、中级和高级三个级别，按照模块化的方式进行编写。《风力发电机组维修保养工》涵盖风力发电机组维修保养中各种维修工具的辨识、使用方法、风机零部件结构、运行原理、故障检查，故障维修，以及安全事项等内容。《风力发电机组电气装调工》涵盖风力发电机电器装配工具辨识、工具使用方法、偏航变桨系统装配、冷却控制系统装配，以及装配注意事项和安全等内容。《风力发电机组机械装调工》涵盖风力发电机组各机械结构部件的辨识与装配，如机舱、轮毂、变桨系统、传动链、联轴器、制动器、液压站、齿轮箱等部件。每本教材的编写涵盖了风力发电行业相关职业标准的基本要求，各职业技能部分的章对应该职业标准中的"职业功能"，节对应标准中的

"工作内容"，节中阐述的内容对应标准中的"技能要求"和"相关知识"。本套教材既注重理论又充分联系实际，应用了大量真实的操作图片及操作流程案例，方便读者直观学习，快速辨识各个部件，掌握风机相关工种的操作流程及操作方法，解决实际工作中的问题。本套教材可作为风力发电行业相关从业人员参加等级培训、职业技能鉴定使用，也可作为有关技术人员自学的参考用书。

本套教材的编写得到了风力发电行业骨干企业金风科技的大力支持。金风科技内部各相关岗位技术专家承担了整体教材的编写工作，金风科技相关技术专家对全书进行了审阅。中国电器协会风力发电电器设备分会的专家对全书组织了集中审稿，并提供了大量的帮助，知识产权出版社策划编辑对书籍编写、组稿给予了极大的支持。借此一隅，向所有为本书的编写、审核、编辑、出版提供帮助与支持的工作人员表示感谢！

《风力发电机组电气装调工——中级》系本套教材之一。第一章和第二章由于晓飞负责编写，第三章和第四章由王大伟负责编写，第五章和第六章由李永生负责编写。

由于时间仓促，编写过程中难免有疏漏和不足之处，欢迎广大读者和专家提出宝贵意见和建议。

《风力发电职业技能鉴定教材》编写委员会

目　录

第一章　电缆准备与电气连接

1. 判定线缆、接头的质量是否符合工艺要求。
2. 判定线缆记号标识是否符合工艺规定。
3. 完成对线缆接头的压接。
4. 检查并判定线缆接头的压接质量。
5. 完成对已捆扎线缆质量的直观检查。
6. 布设电气连接线缆。

第一节　电缆准备

一、电缆选用知识

（一）电缆选用注意事项

1. 察看"CCC"认证标志

电线电缆产品是国家强制安全认证产品，所有生产企业必须取得中国电工产品认证委员会认证的"CCC"认证，获得"CCC"认证标志，在合格证或产品上有"CCC"认证标志。

2. 看检验报告

电线电缆作为影响人身和财产安全的产品，一直以来被列为政府监督检查重点，正规生产厂家按周期接受监督部门检查。因此，销售商应能提供出质检部门检验报告，否则产品质量的好坏就缺乏依据。

3. 注重包装

电线电缆产品的包装与其他产品一样，凡是生产产品符合国家标准要求的大中型正规企业生产的电线电缆都很注重产品包装。选购时，应注意包装要精美，印刷要清晰，型号规格、厂名、厂址等信息要齐全。

4. 看外表

产品外观应光滑圆整、色泽均匀。为了提高产品质量，保证产品符合国家标准要求，电线电缆企业在原材料选购、生产设备和生产工艺等方面应严格把关。

生产的电线电缆产品外观符合标准要求是：光滑圆整，色泽均匀。假冒劣质产品的外观一般比较粗糙、无光泽。对于橡皮绝缘软电缆，要求外观圆整，护套、绝缘、导体紧密不易剥离。假冒劣质产品常常外观粗糙、椭圆度大，护套绝缘强度低，用手就可以撕掉。

5. 看导体

导体有光泽，直流电阻、导体结构尺寸等符合国家标准要求。符合国家标准要求的电线电缆，不论是铝材料导体，还是铜材料导体都比较光亮、无油污，具有良好的导电性能，安全性高。

6. 量长度

长度是区别符合国家标准要求和假冒劣质产品主要的直观的方法。长度一定要符合100±0.5米标准要求，即以100米为标准，允许误差0.5米。

此外，购买电线电缆还要考虑它的用途，通常须根据所带电器功率的大小计算出电线电流，再按电流大小选购电线规格。

（二）规格表示法的含义

1. 规格采用芯数、标称截面和电压等级表示

①单芯分支电缆规格表示法。同一回路电缆根数×（1×标称截面）0.6/1 kV。例如，4×（1×185）+1×95 0.6/1 kV。

②多芯绞合型分支电缆规格表示法。同一回路电缆根数×标称截面 0.6/1 kV。

例如，4×185+1×95　0.6/1 kV。

③多芯同护套型分支电缆规格表示法。电缆芯数×标称截面-T，例如，4×25-T。

2. 完整的型号规格表示法

因为分支电缆包含主干电缆和支线电缆，而且两者规格结构不同，因此有以下两种表示方法。

①将主干电缆和支线电缆分别表示，如干线电缆：FD-YJV-4×（1×185）+1×95　0.6/1 kV；支线电缆：FD-YJV-4×（1×25）+1×16　0.6/1 kV。这种方法在设计时尤为简明，可以方便地表示支线规格的不同。

②将主干电缆和支线电缆连同表示，如FD-YJV-4×（1×185/25）+1×95/16　0.6/1 kV。这种方法比较直观，但仅限于支线电缆为同一种规格的情况，无法表示支线的不同规格。由于分支电缆主要用于1 kV低压配电系统，其额定电压0.6/1 kV在设计标注时可以省略。

（三）电缆的结构

电缆结构主要由导线线芯、绝缘层和保护层三部分组成见图1-1。

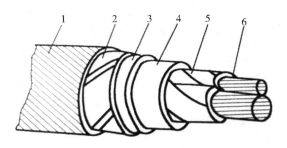

图1-1　电缆结构

1—沥青麻护层；2—钢带铠装；3—塑料护层；4—铝包护层；5—纸包绝缘；6—导体

（1）导线线芯。导线线芯是用来输送电流的，必须具有高的导电性、一定的抗拉强度和伸长率、较高的耐腐蚀性和便于加工制造等特点。电缆的导电线芯通常由软铜或铝的多股绞线制成，这样制成的电缆比较柔软且易弯曲。

我国制造的电缆线芯的截面有以下几种：1 mm^2、1.5 mm^2、2.5 mm^2、

$4\ mm^2$、$6\ mm^2$、$10\ mm^2$、$16\ mm^2$、$25\ mm^2$、$35\ mm^2$、$50\ mm^2$、$70\ mm^2$、$95\ mm^2$、$120\ mm^2$、$150\ mm^2$、$185\ mm^2$、$240\ mm^2$、$300\ mm^2$、$400\ mm^2$、$500\ mm^2$、$625\ mm^2$、$800\ mm^2$。

（2）绝缘层。绝缘层的作用是将导电线芯与相邻导体和保护层隔离，抵抗电力电流、电压、电场对外界的作用，保证电流沿线芯方向传输。绝缘的好坏，直接影响电缆运行的质量。

电缆的绝缘层材料，分为均匀质和纤维质两类。均匀质有橡胶、沥青、聚乙烯、聚氯乙烯、交联聚乙烯和聚丁烯等；纤维质有棉、麻、丝、绸和纸等。

（3）保护层。保护层简称护层，它是为使电缆适应各种使用环境的要求，而在绝缘层外面加的防护覆盖层。其主要作用是保护电缆在敷设和运行过程中，免遭机械损伤和各种环境因素，如水、日光、生物、火灾等的破坏，以保持其长时间稳定的电气性能，因此电缆的保护层直接关系到电线电缆的寿命。

保护层可分为内保护层和外保护层。

内保护层直接包在绝缘层上，保护绝缘不与空气、水分或其他物质接触，因此要包得紧密无缝，并且要有一定的机械强度，使其能承受在运输和敷设时的机械力。内保护层有铅包、橡套和聚氯依稀包等。

外保护层用来保护内保护层的，防止铅包、铝包等不受外界的接卸损伤和腐蚀，在电缆的内保护层外面包上浸过沥青混合物的黄麻、钢带或钢丝。至于没有外保护层的电缆，如裸铅包电缆等，则用于无机械损伤的场合。

二、电缆防腐的基本要求

铜接线端头用压线钳压好后，在电缆芯与端头的结合部用防水绝缘胶带均匀紧密缠绕，防止电缆内部进入潮气腐蚀线芯，最后套热缩管进行防护。

铜接线端头连接前需要在接触面上涂导电膏。涂导电膏时，要注意并不是涂得越多越好，只需涂上薄薄的一层，将表面不平整的地方填平，达到增加接触面积的目的即可。

接地部分连接时（包括接地排、接地扁铁和接地耳板），需要将接地部分表面的油漆、杂质和不平整的部位用磨光机处理，并在连接表面涂抹导电膏。连接完成后，在金属表面喷镀铬自喷漆，注意应喷涂均匀。喷镀铬自喷漆要求喷两遍，第一遍和第二遍应间隔4小时以上。

三、电缆接头压接钳介绍及其使用方法

在电缆压接管式预绝缘端头、环式预绝缘端头的制作时，须选用专用压线钳，如管型预绝缘端头压线钳，见图1-2。

图1-2　管型预绝缘端头压线钳

由于预绝缘端子根据电缆线径不同，对应不同的规格，如图1-3所示。所以在使用压线钳压接时，应注意压线钳选口要正确，与导线截面相符。线缆头穿入前先绞紧，防止穿入时线芯分岔，如图1-4所示。线缆绝缘层应完全穿入绝缘套管，线芯须与针管平齐。如有多余，用斜口钳去除。压接完成后，用力拉拔端头，以检查是否牢固。

图1-3　管型预绝缘端头

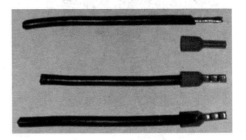

图1-4　管式预绝缘端头压制

环形预绝缘端头也须选用专用压线钳压接。操作时，应注意压线钳选口要正确，线缆头穿入前先绞紧，防止穿入时线芯分岔。线缆绝缘层须完全穿入绝缘套管，线芯要露出线芯包筒，但不可露出过长。压接完成后，用力拉拔端头，以检

查是否牢固。环形预绝缘端头的结构，见图1-5。环形预绝缘端头的合格压接见图1-6。

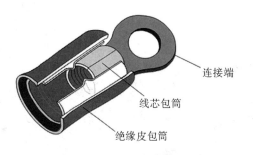

图1-5　环形预绝缘端头的结构

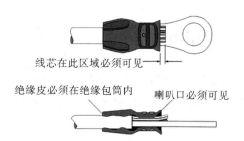

图1-6　环形预绝缘端头的合格压接

如150 mm²、240 mm²较粗电缆铜接线端头和连接管的制作，可使用电动液压钳（最好是便携式），见图1-7。要求液压钳出力大于等于12 t，满足机组安装过程中不同电缆规格的压接需要。压接所需模具要和电缆规格相符。

电缆压接时，应将电缆铜芯捋直，将其穿进电缆端头内，不得将电缆内铜芯损坏或截断。使用液压钳压接电缆时，至少压接三道，压接顺序为从前往后，见图1-8。

图1-7　便携式电动液压钳

图1-8　电缆压接效果图

端子压接质量的检验方法：

（1）按导线截面使用对应合适的接线端子，要求对应规格完全相同。

（2）剥去导线绝缘层的长度符合规定，要求长度正确。

（3）导线的所有金属丝完全包在接线端子内，要求无散落铜丝。

（4）压接部位要符合规定，压接部位要正确。

四、电工常用工具的使用方法

（一）美工刀

美工刀也俗称刻刀，见图1-9。它主要用来切割质地较软的东西，多由塑料刀柄和刀片两部分组成，为抽拉式结构。美工刀也有少数为金属刀柄，刀片多为斜口，用钝刀锋后可顺片身的划线折断，出现新的刀锋，方便使用。美工刀有大、中、小多种型号。

图1-9 美工刀

使用方法：美工刀在正常使用时，通常只使用刀尖部分切割。由于刀身很脆，使用时不能伸出过长的刀身。另外，刀身的硬度和耐久（在美工刀里，这是两个概念）也因为刀身质地不同而有差别。刀柄的选用也应该根据手型来挑选，还有握刀手势通常都会在包装上有说明。

注意事项：

很多美工刀为了方便折断，都会在折线工艺上做处理，但是这些处理对于惯用左手的人来说可能会比较危险，使用时应多加小心。不要认为美工刀脆弱，如果使用不正确的话，美工刀造成的伤口同样可以致命，所以使用过程中，要务必小心。因为做工处理的缘故，美工刀造成的伤口不容易止血，小伤口可用绷带解决，但是伤口一旦过大、过长或者伤及主要血管（如手臂上的动脉），就会造成大出血，如不及时包扎，就会因为失血过多而引起休克，甚至死亡。

如果被美工刀划伤应及时做如下处理：

（1）消毒，常备的消毒棉棒此时就派上用场了。创口未消毒直接包扎，可能会因此而导致伤口坏损。

（2）止血包扎，消毒之后对于新鲜伤口最大的敌人就是空气中的氧气和水分，此时应作包扎以隔绝氧气和水分与伤口的接触。

（3）只要伤口有任何异常，就一定要即时就医。

（二）电工刀

电工刀是电工常用的一种切削工具。普通的电工刀由刀片、刀刃、刀把、刀挂等构成，见图1-10。不用时，把刀片收缩到刀把内。刀片根部与刀柄相铰接，上面有刻度线及刻度标识，前端形成有螺丝刀刀头，两面加工有锉刀面区域，刀刃上具有一段内凹形弯刀口，弯刀口末端形成刀口尖，刀柄上设有防止刀片退弹的保护钮。电工刀的刀片汇集有多项功能，使用时只需一把电工刀便可完成连接导线的各项操作，无须携带其他工具，因此具有结构简单、使用方便、功能多样等优点。

使用方法：

电线、电缆的接头处常使用塑料或橡皮带等加强绝缘，这种绝缘材料可用多功能电工刀的剪子将其剪断。用电工刀剖削电线绝缘层时，可把刀略微翘起一些，用刀刃的圆角抵住线芯。切忌把刀刃垂直对着导线切割绝缘层，因为那样容易割伤电线线芯。导线接头之前应把导线上的绝缘剥除。用电工刀

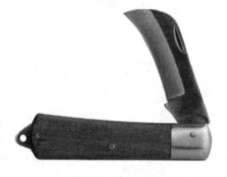

图1-10 电工刀

切剥时，一定不要使刀口伤到芯线。常用的剥削方法有级段剥落和斜削法剥削。电工刀的刀刃部分磨得不可太锋利，如果太锋利容易削伤线芯；如果太钝，则无法剥削绝缘层。见图1-11。

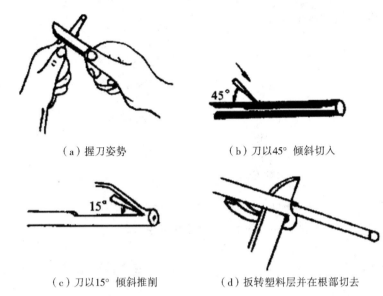

（a）握刀姿势　　　　　　　　　（b）刀以45°倾斜切入

（c）刀以15°倾斜推削　　　（d）扳转塑料层并在根部切去

图 1-11　电工刀剥削导线

注意事项：

（1）不得用于带电作业，以免触电。

（2）使用时刀口朝外剥削，注意避免伤及手指。

（3）剥削导线绝缘层时，应使刀面与导线平行，以免割伤导线。

（三）螺丝刀

螺丝刀俗称起子，是一种用来拧转螺丝钉以迫使其就位的工具，通常有一个薄楔形头，可插入螺丝钉头的槽缝或凹口内。螺丝刀有"一"型和"十"型，使用时应根据螺钉的头部形状来选择。见图 1-12。

图 1-12　螺丝刀

原理： 螺丝刀拧螺丝钉时是利用了轮轴的工作原理。当手柄越大时，就会感觉越省力，所以使用粗把的改锥比使用细把的改锥拧螺丝时更省力。

螺丝刀有各种大小型号，使用时需根据螺钉的槽缝的大小来定。大小不同螺丝刀握法也不同。见图 1-13。

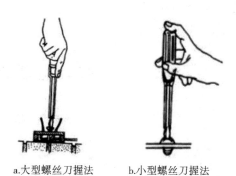

a.大型螺丝刀握法　　b.小型螺丝刀握法

图 1-13　螺丝刀握住法

使用螺丝刀时，须保持螺丝刀与螺钉尾端成直线，边用力边转动。见图 1-14。

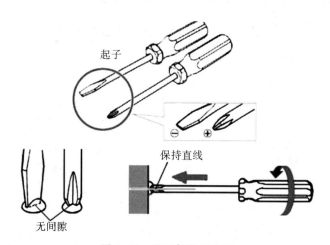

图 1-14　端子起使用方法

注意事项：

（1）带电作业时，手不可触及螺丝刀的金属杆，以免触电。

（2）由于电工螺丝刀手柄是由塑料或橡胶制成，因此不得使用锤击。

（3）螺丝刀金属杆应套绝缘管，以防止金属杆触到人体或邻近带电体。

(四) 验电器

1. 低压验电器

常用的低压验电器是验电笔，又称试电笔。它是一种电工工具，用来测试电线中是否带电。笔体中有一氖泡，测试时如果氖泡发光，说明导线有电或为通路的火线。试电笔中笔尖和笔尾由金属材料制成，笔杆由绝缘材料制成。使用试电笔时，一定要用手触及试电笔尾端的金属部分；否则因带电体、试电笔、人体与大地没有形成回路，试电笔中的氖泡不会发光，会造成误判，认为带电体不带电从而造成人身触电事故。

低压验电器检测电压范围一般为 60～500 V。

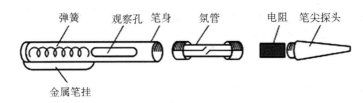

图 1-15　钢笔验式电笔结构

图 1-16　改锥式电笔结构

工作原理：工作时，火线—验电笔—人体—地—零线构成回路，如图 1-17 所示。

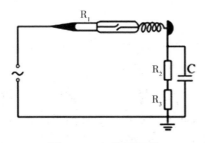

图 1-17　工作原理图

在图 1-17 所示的回路中，验电笔内电阻 R1 约 2 MΩ，人体电阻 R2 在 800~10^4 Ω 范围内，绝缘物或地面上的绝缘物电阻为 R3，它的阻值相当大。C 为人体与地之间所形成的电容，因为火线与零线间加的是 220 V 交流电压，电容支路上交流电所受阻碍作用很小，电流经过电容 C 就直接回到零线，而过人体 R2 的电流很小，人无触电危险，验电笔氖管也能正常发光。如果在使用验电笔时，手接触的不是笔尾的金属体部分而是绝缘的笔套，那就等于图 1-17 中笔尾的金属体与并联支路之间串接了一个相当大的电阻，通过电容 C 的交流电流也微乎其微，氖管也就不能发光了，这是因错误使用验电笔造成的。

注意事项：

（1）使用试电笔之前，首先要检查试电笔里有无安全电阻，再直观检查试电笔是否有损坏，有无受潮或进水现象。检查合格后，才能使用。

（2）使用试电笔时，不能用手触及试电笔前端的金属探头，这样做会造成人身触电事故。

（3）使用试电笔时，一定要用手触及试电笔尾端的金属部分；否则因带电体、试电笔、人体和大地没有形成回路，试电笔中的氖泡不会发光而造成误判，认为带电体不带电，这是十分危险的。

（4）在测量电气设备是否带电之前，先要找一个已知电源测一测试电笔的氖泡能否正常发光，如果能正常发光，才能使用。

（5）在明亮的光线下测试带电体时，应特别注意氖泡是否真的发光（或不发光），必要时可用另一只手遮挡光线仔细判别。千万不要造成误判，将氖泡发光判断为不发光，而将有电判断为无电。

低压试电笔除能测量物体是否带电外，还能做一些其他的辅助测量之用。

（1）判断感应电用一般试电笔测量较长的三相线路时，即使三相交流电源缺一相，也很难判断出是哪一根电源线缺相。原因是线路较长，并行的线与线之间有线间电容存在，使得缺相的某一根导线产生感应电而使电笔氖管发亮。此时，可将试电笔的氖炮并接一只 1500 p 的小电容（耐压应取大于 250 V），这样在测带电线路时，电笔仍可照常发光。如果测得的是感应电，电笔就不亮或微亮，据此可判断出所测电源是否为感应电。

（2）判别交流电源同相或异相时，两只手各持一支试电笔，站在绝缘物体上，把两支笔同时触及待测的两条导线。如果两支试电笔的氖管均不太亮，则表明两条导线是同相电；若两支试电笔氖管发出很亮的光，说明两条导线是异相。

（3）区别交流电和直流电，交流电通过试电时，氖管中两极会同时发亮；而直流电通过时，氖管里只有一个极发亮。

（4）判别直流电的正负极时，把试电笔跨接在直流电的正、负极之间。氖管发亮的一头是负极，不发亮的一头是正极。

（5）用试电笔测直流电是否接地，并判断是正极还是负极接地。在要求对地绝缘的直流装置中，人站在地上用试电笔接触直流电。如果氖管发亮，说明直流电存在接地现象；若氖管不发亮，则不存在直流电接地，当试电笔尖端的一极发亮，是说明正极接地；若手握笔端的一极发亮，则是负极接地。

（6）作为零线监视器，把试电笔一头与零线相连，另一头与地线连接。如果零线断路，氖管即发亮。

（7）判别物体是否产生静电。手持试电笔在某物体周围寻测，如氖管发亮，证明该物体上已有静电。

（8）判断电气接触是否良好。若氖管光源闪烁，则表明为某线头松动，接触不良或电压不稳定。

2. 高压验电器

如图 1-18 所示，高压验电器是由电子集成电路制成的声光指示器，其性能稳定、可靠，具有全电路自检功能和抗干扰性强等特点。

高压验电器主要用来检验设备对地电压在 250 V 以上的高压电气设备。它是通过检测流过验电器对地杂散电容中的电流，检验设备、线路是否带电的装置。目前，广泛采用的有发光型、声光型和风车式三种类型。高压验电器一般都是由检测部分（指示器部分或风车）、绝缘部分和握手部分三大部分组成，见图 1-19。绝缘部分是指自指示器下部金属衔接螺丝起至

图 1-18　高压验电器

罩护环的部分，握手部分是指罩护环以下的部分。其中，绝缘部分、握手部分根据电压等级的不同其长度也不相同。

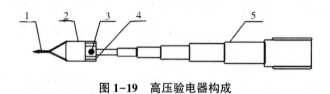

图 1-19　高压验电器构成

1—触头；2—元件及电池；3—自检按纽；4—显示灯；5—伸缩杆总成

使用方法：

在使用高压验电笔验电前，一定要认真阅读使用说明书，检查一下试验是否超周期、外表是否损坏或破伤。例如，GDY 型高压电风验电器在从包中取出时，首先应观察电转指示器叶片是否有脱轴现象，警报是否可发出声响。脱轴则不得使用，然后将电转指示器在手中轻轻摇晃，若其叶片应稍有摆动，则证明良好。然后检查报警部分，证明音响良好。对于 GSY 型系列高压声光型验电器，在操作前，应对指示器进行自检试验，然后才能将指示器旋转固定在操作杆上。然后，将操作杆拉伸至规定长度，再作一次自检后才能进行。

使用验电器时，必须注意其额定电压和被检验电气设备的电压等级相适应，否则可能会危及验电操作人员的人身安全或造成误判断。验电时，操作人员应配戴绝缘手套，手握在罩护环以下的握手部位，先在有电设备上进行检验。检验时，应渐渐将验电器移近带电设备至发光或发声时止，以确认验电器性能完好。有自检系统的验电器，应先揿动自检钮确认验电器完好。然后，再在需要进行验电的设备上检测。检测时，也应渐渐将验电器移近待测设备，直至触及设备导电部位。此过程若一直无声和光指示，则可判定该设备不带电；反之，如在移近过程中突然发光或发声，即认为该设备带电，应立刻停止移近，结束验电。另外，风车型验电器只适用于户内在或户外良好天气下使用，凡遇雨雪等气候，禁止使用。

注意事项：

（1）用高压验电器进行测试时，必须佩戴上符合要求的绝缘手套。不可一个人单独测试，身旁必须有人监护。测试时，要防止发生相间或对地短路事故。人体与带电体应保持足够的安全距离，10 kV 高压的安全距离为 0.7 m 以上。在室外使用时，天气必须良好。在雨、雪、雾和湿度较大的气象条件下，不宜使用普通绝缘杆的类型，以防发生危险。

（2）使用前，要按所测设备（线路）的电压等级将绝缘棒拉伸至规定长度。选用合适型号的指示器和绝缘棒，并对指示器进行检查。投入使用的高压验电器必须是经电气试验合格的。

（3）回转式高压验电器在使用前，应把检验过的指示器旋接在绝缘棒上固定，并用绸布将其表面擦拭干净。然后，转动至所需角度，以便使用时观察方便。

（4）电容式高压验电器的绝缘棒上标有红线，红线以上部分表示内有电容元件，且属带电部分。该部分要按《电业安全工作规程》的要求与临近导体或接地体保持必要的安全距离。

（5）使用时，应特别注意手握部位不得超过护环，如图 1-20 所示。

（6）用回转式高压验电器时，指示器的金属触头应逐渐靠近被测设备（或导线）。一旦指示器叶片开始正常回转，则说明该设备有电，应立即离开被测设备。叶片不能长期回转，以保证验电器的使用寿命。当电缆或电容上存在残余电荷电压时，指示器叶片会短时缓慢转几圈，而后自行停转，因此它可以准确鉴别设备是否停电。

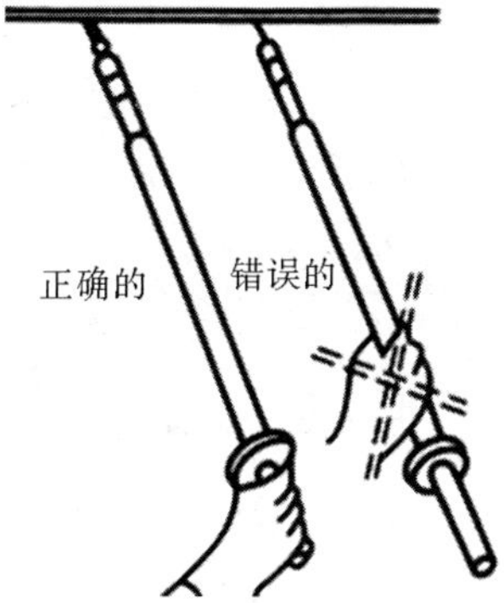

正确的 错误的

图 1-20 高压验电器
使用方法图解

（7）对线路的验电应逐相进行，对联络用的断路器、隔离开关或其他检修设备验电时，应在其进出线两侧各相分别验电。对同杆塔架设的多层电力线路进行验电时，先验低压、后验高压，先验下层、后验上层。

（8）在电容器组上验电，应待其放电完毕后再进行。

（9）每次使用完毕，在收缩绝缘棒及取下回转指示器放入包装袋之前，应将表面尘埃擦拭干净，并存放在干燥通风的地方，以免受潮。回转指示器应妥善保管，不要使其受到振动或冲击，也不准擅自调整、拆装。

（10）为保证使用安全，验电器应每半年进行一次预防性电气试验。

（五）斜嘴钳

斜嘴钳用于切断金属丝，可让使用者在特定环境下获得舒适的抓握剪切角度。在线缆截取中，常用它切断较细的线缆芯线。见图1-21。

使用斜嘴钳时要选择合适的规格。钳头口要不小于工件直径。剪切时量力而行，不能用来剪切过粗的铜导线、钢丝和钢丝绳。钳头要卡紧工件后再用力扳，防止其打滑伤人。用加力杆时，长度要适当，不能用力过猛超过管钳允许的强度。管钳牙和调节环要保持清洁。

图1-21　斜嘴钳

注意事项：

（1）禁止用普通钳子带电作业。

（2）剪切紧绷的铜丝或金属，必须做好防护措施，防止被剪断的铜丝弹伤。

（3）不能将钳子作为敲击工具使用。

（六）钢丝钳

如图1-22所示，钢丝钳用于夹持或弯折薄片形、圆柱形金属零件和切断金属丝，其旁刃口也可用于切断细金属丝。

使用钳子要量力而行，不可以超负荷地使用。切忌不可在切不断的情况下扭动钳子，这样容易造成崩牙与损坏。无论钢丝还是铁丝或者铜线，只要钳子能留下咬痕，然后用钳子前

图1-22　钢丝钳

口的齿夹紧钢丝，轻轻地上抬或者下压钢丝，就可以掰断钢丝。这样不但省力，还不会对钳子造成损坏，可以有效地延长钢丝钳的使用寿命。另外，钢丝钳分绝缘和不绝缘的两种，在带电操作时应该注意对二者进行区分，以免被强电击伤。

见图 1-23。

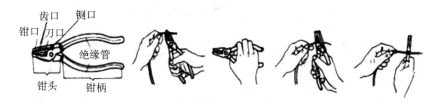

齿口　铡口

钳口　刀口

绝缘管

钳头　钳柄

图 1-23　钢丝钳结构及其使用方法

注意事项：

（1）在使用钢丝钳过程中，切勿将绝缘手柄碰伤、损伤或烧伤，还要注意防潮。

（2）为防止生锈，钳轴要经常加油。

（3）带电操作时，手与钢丝钳的金属部分应保持 2 cm 以上的距离。

（4）根据不同用途，选用不同规格的钢丝钳。

（5）不能将钢丝钳当榔头使用。

（七）尖嘴钳

如图 1-24 所示，尖嘴钳是一种常用的钳形工具，其钳柄上套有额定电压 500 V 的绝缘套管。尖嘴钳主要用来剪切线径较细的单股与多股线，以及给单股导线接头弯圈、剥塑料绝缘层等。它能在较狭小的工作空间操作，不带刃口的只能夹捏工作，带刃口的能剪切细小零件。

图 1-24　尖嘴钳

尖嘴钳是内线器材等装配及修理工作中最常用的工具之一。

工作原理：尖嘴钳是一种运用杠杆原理的典型工具之一。

使用方法：一般用右手操作，使用时握住尖嘴钳的两个手柄，开始夹持或剪切工作。见图 1-25。

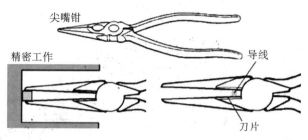

图 1-25　尖嘴钳的使用

维护保养：不用尖嘴钳时，应在其表面涂上润滑防锈油，以免生锈或支点发涩。

注意事项：

使用尖嘴钳时，刃口不要对向自己。使用完后，将其放回原处。切勿对钳子头部施加过大的压力，造成其成 V 字形打开，使其不能用以做精密工作。见图 1-26。

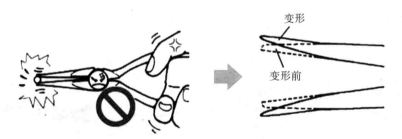

图 1-26　尖嘴钳的使用注意事项

(八) 剥线钳

如图 1-27 所示，剥线钳专供电工剥除电线头部的表面绝缘层用。它的钳口部分设有几个刃口，用以剥落不同线径的导线绝缘层。其柄部是绝缘的，耐压为 500 V。

图 1-27　剥线钳

工作原理： 如图 1-28 所示为剥线钳的机构简图。当握紧剥线钳手柄使其工作时，图中弹簧首先被压缩，使得加紧机构加紧电线。而此时由于扭簧 1 的作用下剪切机构不会运动。当加紧机构完全夹紧电线时，扭簧 1 所受的作用力逐渐变大致使扭簧 1 开始变形，使得剪切机构开始工作。而此时扭簧 2 所受的力还不足以使得夹紧机构与剪切机构分开，剪切机构完全将电线皮切开后剪切机构被夹紧。此时扭簧 2 所受作用力增大，当扭簧 2 所受作用力达到一定程度时，扭簧 2 开始变形，夹紧机构与剪切机构分开，使得电线被切断的绝缘皮与电线分开，从而达到剥线的目的。

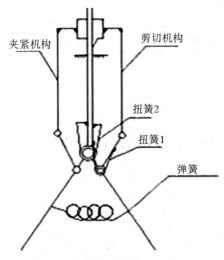

图 1-28　剥线钳的工作原理

使用方法：

（1）根据缆线的粗细型号，选择相应的剥线刀口。

（2）将准备好的电缆放在剥线工具的刀刃中间，选择好要剥线的长度。

（3）握住剥线工具手柄，将电缆夹住，缓缓用力使电缆外表皮慢慢剥落。

（4）松开工具手柄，取出电缆线。这时，电缆金属整齐地露到外面，其余绝缘塑料则完好无损。

（九）活动扳手

如图 1-29 所示，活动扳手简称扳手，是用来紧固和起松螺母的一种常见工具。

图 1-29　活动扳手

活动扳手适用于尺寸不规则的螺栓或螺母，也可用于压紧专用维修工具，以作相应的操作。旋转活动扳手的调节螺丝可以改变孔径，所以一个活动扳手可用来代替多个开口扳手。

注意事项：

转动活动扳手的调节螺杆时，须使孔径与螺栓或螺母头部配合完好。活动扳手不适于施加大扭矩。

如图 1-30 所示。

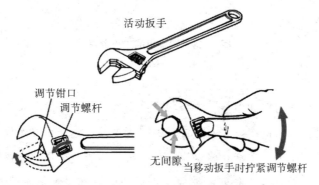

活动扳手

调节钳口
调节螺杆

无间隙
当移动扳手时拧紧调节螺杆

图 1-30　活动扳手使用注意事项

（十）开口扳手

开口扳手是一种通用工具。制造材料一般选用优质碳钢锻造，通过整体热处理加工而成。产品必须通过质量检验验证，避免使用过程中由于产品质量问题所造成的人身伤害。开口扳手主要分为单头开口扳手和双头开口扳手，见图 1-31 和图 1-31。

图 1-31 单头开口扳手

图 1-32 双头开口扳手

使用方法：

（1）扳手应与螺栓或螺母的平面保持水平，以免用力时扳手滑出伤人。

（2）不能在扳手尾端加接套管延长力臂，以防损坏扳手。

（3）不能用钢锤敲击扳手，扳手在冲击截荷下极易变形或损坏。

（4）不能将公制扳手与英制扳手混用，以免造成打滑而伤及使用者。

（十一）万用表

万用表又叫多用表和复用电表。它是一种可测量多种电量的多量程便携式仪表，见图 1-33。由于它具有测量种类多、测量范围宽、使用和携带方便和价格低等优点，因此常用来检验电源或仪器的好坏，检查线路的故障，判别元器件的好坏及数值等，应用十分广泛。

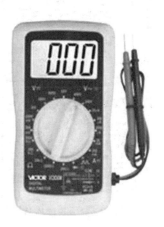

万用表是一种带有整流器的、可以测量交流电流、直流电流、电压和电阻等多种电学参量的磁电式仪表。对于每一种电学量，一般都有几个量程。万用表又称多用电表或万用表。万用表是由磁电系电流表（表

图 1-33 万用表

头），测量电路和选择开关等组成的。通过选择开关的变换，可方便地对多种电学参量进行测量。其电路计算的主要依据是闭合电路欧姆定律。万用表由表头、测量电路及转换开关三个主要部分组成。

1. 电压的测量

（1）直流电压的测量。首先，将黑表笔插进"COM"孔，红表笔插进"VΩ"孔。接下来，把表笔接电源或电池两端，保持接触稳定，数值可以直接从显示屏上读取；若显示为"OL"，则表明量程太小，需要加大量程后再测量工业电器。如果在数值左边出现"–"，则表明表笔极性与实际电源极性相反，此时红表笔接的是负极。

注意事项：

"V–"表示直流电压档，"V～"表示交流电压档，"A"是电流档，见图1-34。

（2）交流电压检测

表笔插孔与直流电压的测量一样，不过应该将旋钮打到交流档"V～"处所需的量程即可。交流电压无正负之分，测量方法跟前面相同。无论测交流电压还是直流电压，都要注意人身安全，不要随便用手触摸表笔的金属部分。见图1-35。

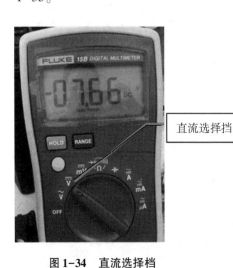

图1-34　直流选择档

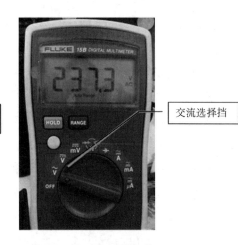

图1-35　交流选择档

2. 电流检测

直流电流的测量。先将黑表笔插入"COM"孔。若测量大于400 mA的电流，则要将红表笔插入"10 A"插孔并将旋钮打到直流"10 A"档；若测量小于400 mA的电流，则将红表笔插入"400 mA"插孔，将旋钮打到直流400 mA

以内的合适量程。调整好后，就可以测量了。将万用表串进电路中，保持稳定，即可读数。若显示为"OL"，那么就要加大量程；如果在数值左边出现"-"，则表明电流从黑表笔流进万用表。

交流电流的测量。测量方法与 1 相同，不过应选择交流模式。电流测量完毕后，应将红笔插回"VΩ"孔。见图 1-36。

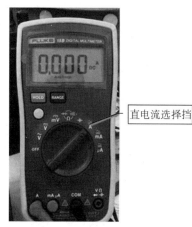

图 1-36　电流检测

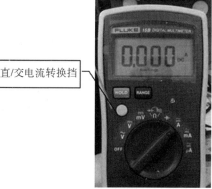

图 1-37　直/交电流选择档

3. 电阻测量

将表笔插进"COM"和"VΩ"孔中，把旋钮打旋到"Ω"中所需的量程。用表笔接在电阻两端金属部位，测量中可以用手接触电阻，但 不要把手同时接触电阻两端，这样会影响测量精确度，读数时，要保持表笔和电阻有良好的接触注意单位："Ω""KΩ"和"MΩ"。

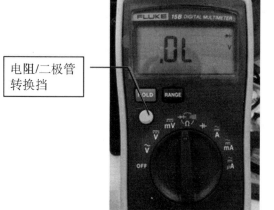

图 1-38　二极管检测

4. 二极管检测

数字万用表可以测量发光二极管，整流二极管测量时，表笔位置与电压测量一样；用红表笔接二极管的正极，黑表笔接负极，这时会显示二极管 OL。再次对调表笔会显示一个数值 0.470 为普通硅整流管（1N4000、1N5400 系列等），发光二极管约为 1.8~2.3 V。再次调换表笔，显示屏显示"OL."则为正常。因为二极管的反向电阻很大，否则此管已被击穿或性能已经改变，见图 1-38。

5. 三极管检测

表笔插位和原理同二极管。先假定 A 脚为基极，用黑表笔与该脚相接，红表笔与其他两脚分别接触；若两次读数均为 0.7 V 左右，然后再用红笔接 A 脚，黑笔接触其他两脚，若均显示"1"，则 A 脚为基极，否则需要重新测量，且此管为 PNP 管。

电容容量测量，此功能用的较少不再赘述。

使用规程：

（1）使用前应熟悉万用表各项功能，根据被测量的对象，正确选用档位、量程和表笔插孔。

（2）在对被测数据大小不明时，应先将量程开关，置于最大值，而后由大量程往小量程档处切换，使仪表指针指示在满刻度的 1/2 以上处即可。

（3）测量电阻时，在选择了适当倍率档后，将两表笔相碰使指针指在零位。如指针偏离零位，应调节"调零"旋钮，使指针归零，以保证测量结果准确。如不能调零或数显表发出低电压报警，应及时检查。

（4）在测量某电路电阻时，必须切断被测电路的电源，不得带电测量。

（5）使用万用表进行测量时，要注意人身和仪表设备的安全，测试中不得用手触摸表笔的金属部分，不允许带电切换档位开关，以确保测量准确，避免发生触电和烧毁仪表等事故。

维护保养：

（1）在使用万用表之前，应先进行"机械调零"，即在没有被测电量时，使万用表指针指在零电压或零电流的位置上。

（2）在使用万用表过程中，不能用手接触表笔的金属部分。这样一方面可以保证测量的准确，另一方面也可以保证人身安全。

（3）在测量某一电量时，不能在测量的同时换档，尤其是在测量高电压或大电流时，更应注意。否则，会毁坏万用表。如需换档，应先断开表笔，换档后再去测量。

（4）万用表在使用时，必须水平放置，以免造成误差。同时，还要注意避免外界磁场对万用表的影响。

（5）万用表使用完毕，应将转换开关置于交流电压的最大档。如果长期不使用，还应将万用表内部的电池取出来，以免电池腐蚀表内其它器件。

（十二）手电钻

手电钻就是以交流电源或直流电池为动力的钻孔工具，是手持式电动工具的一种。有的型号的手电钻配有充电电池，可在一定时间内，在无外接电源的情况下正常工作。

手电钻的主要构成：钻夹头、输出轴、齿轮、转子、定子、机壳、开关和电缆线，见图1-39。

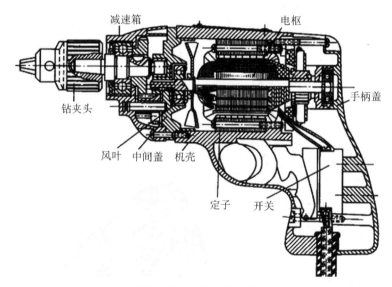

图1-39　电手钻结构图

选择电手钻的关键点包括：（1）最大钻孔直径；（2）额定功率；（3）正反转；（4）电子调速；（5）夹头直径；（6）额定冲击率；（7）最大扭矩；（8）钻孔能力。

使用方法：

（1）手电钻外壳必须有接地或者接零中性线保护。

（2）手电钻导线要保护好，严禁乱拖防止将其轧坏、割破。更不准把电线拖到油水中，防止油水腐蚀电线。

（3）使用时一定要配戴胶皮手套，穿胶布鞋；在潮湿的地方工作时，必须站在橡皮垫或干燥的木板上工作，以防触电。

（4）使用中如果发现电钻漏电、震动、高热或者异声时，应立即停止工作，找电工检查修理。

（5）电钻未完全停止转动时，不能卸、换钻头。

（6）停电休息或离开工作地时，应立即切断电源。

（7）不可以用来钻水泥和砖墙，否则极易造成电机过载而致电机烧毁。

注意事项：

（1）用前检查电源线有无破损。若有破损，必须包缠好绝缘胶带，使用中切勿受水浸及乱拖乱踏，也不能触及热源和腐蚀性介质。

（2）对于金属外壳的手电钻必须采取保护接地（接零）措施。

（3）使用前，要确认手电钻开关处于关断状态，防止插头插入电源插座时手电钻突然转动。

（4）电钻在使用前应先空转 0.5~1 min，检查传动部分是否灵活，有无异常杂音，螺钉等有无松动，换向器火花是否正常。

（5）打孔时，要双手紧握电钻，尽量不要单手操作，应掌握正确操作姿势。

（6）不能使用有缺口的钻头，钻孔时向下压的力不要太大，防止钻头打断。

（7）清理刀头废屑、换刀头等这些动作，必须在断开电源的情况下进行。

（8）对于小工件必须借助夹具来夹紧，再使用手电钻。

（9）操作时，进钻的力度不能太大，以防钻头或丝攻飞出来伤人。

（10）在操作前，要仔细检查钻头。若发现钻头有裂纹或损伤，则要立即更换。

（11）要注意钻头的旋转方向和进给方向。

（12）要先关上电源，等钻头完全停止再把工件从工具上拿走。

（13）在加工件后，不要马上接触钻头，以免钻头可能过热而灼伤皮肤。

（14）使用中若发现整流子上火花大，电钻过热，则必须停止使用，进行检查。如清除污垢、更换磨损的电刷、调整电刷架弹簧压力等。

（15）为了避免切伤手指，在操作时要确保所有手指撤离工件或钻头。

（16）不使用时，应及时拔掉电源插头。电钻应存放在干燥和清洁的环境中。

（十三）绝缘测试仪

绝缘电阻测试是测试和检验电气设备绝缘性能比较常规的手段，所使用的设备包括马达、变压器、开关装置、控制装置和其他电气装置中绕组、电缆，以及所有的绝缘材料。绝缘监测仪（检测仪）主要通过接地中性点对直流系统，单相和三相低压系统绝缘状态进行检测的一种设备。

下面将以福禄克绝缘电阻测试仪为例，介绍绝缘测试仪的使用方法。

图 1-40 福禄克绝缘电阻测试仪

操作步骤：

（1）将测试探头插入 V 和 COM（公共）输入端子。

（2）将旋转开关转至所需要的测试电压。

（3）将探头与待测电路连接。测试仪会自动检测电路是否带电，直到按测试 T 按钮，此时将获得一个有效的绝缘电阻读数。

电路中的电压超过 30 V（交流或直流）以上，在主显示位置显示电压超过 30 V 以上警告的同时，还会显示高压符号（Z）。在这种情况下测试被禁止。在继续操作之前，先断开测试仪的连接并关闭电源。

（4）按住 T 测试按钮开始测试。辅显示位置上显示被测电路上所施加的测试电压。主显示位置上显示高压符号（Z）并以 MW 或 GW 为单位显示电阻。显示屏的下端出现 T 图标，直到释放测试按 T 钮。当电阻超过最大显示量程时，测试仪显示 Q 符号和当前量程的最大电阻。

（5）继续将探头留在测试点上，然后释放测试 T 按钮。被测电路即开始通过测试仪放电。主显示位置显示电阻读数，直到开始新的测试或者选择了不同功能、量程，或者检测到了 30 V 以上的电压。

五、电缆电线选型原则及规范

电缆是电能输送的载体，是实现电能转换过程中必不可少的材料之一。在选用电线电缆时，一般要注意电线电缆型号、规格（导体截面）的选择。

1. 电线电缆型号的选择

电线电缆的选择原则有以下几点。

（1）选用电线电缆时，要考虑用途、敷设条件和安全性。

（2）根据用途的不同，可选用电力电缆、架空绝缘电缆和控制电缆等。

（3）根据敷设条件的不同，可选用一般塑料绝缘电缆、钢带铠装电缆、钢丝铠装电缆和防腐电缆等。

（4）根据安全性要求，可选用不延燃电缆、阻燃电缆、无卤阻燃电缆、耐火电缆等。

（5）根据接线要求，查看电缆芯数是否与其相符合。

2. 电线电缆规格的选择

确定电线电缆的使用规格（导体截面）时，一般应考虑发热、电压损失、承载电流密度和机械强度等选择条件。根据经验，低压动力线因其负荷电流较大，故一般先按发热条件选择截面，然后验算其电压损失和机械强度；低压照明线因其对电压水平要求较高，可先按允许电压损失条件选择截面，再验算发热条件和机械强度；对高压线路，则先按电流密度选择截面，然后验算其发热条件和允许电压损失；而高压架空线路，还应验算其机械强度。

3. 电线电缆命名及其应遵循的原则

电线电缆的完整命名通常较为复杂，所以人们有时用一个简单的名称

（通常是一个类别的名称）结合型号规格来代替完整的名称，如"低压电缆"代表0.6/1 kV级的所有塑料绝缘类电力电缆。电线电缆的型号较为完善，只要写出电线电缆的标准型号规格，就能明确具体的产品，它的完整命名原则如下。

（1）产品名称中包括的内容：产品应用场合或大小类名称；产品结构材料或型式；产品的重要特征或附加特征基本按上述顺序命名，有时为了强调重要或附加特征，将特征写到前面或相应的结构描述前。

（2）结构描述的顺序产品结构描述按从内到外的原则：导体→绝缘→内护层→外护层→铠装型式。

（3）在不会引起混淆的情况下，有些结构描述可以省写或简写。

（4）电线电缆的型号组成与顺序如下：①类别、用途；②导体；③绝缘；④内护层；⑤结构特征；⑥外护层或派生；⑦使用特征。1~5项和第7项用拼音字母表示，每项可以是1~2个字母；第6项是1~3个数字。

型号中的省略原则是：电线电缆产品中铜是主要使用的导体材料，故铜芯代号T省写，但裸电线及裸导体制品除外。裸电线及裸导体制品类、电力电缆类和电磁线类产品不表明大类代号，电气装备用电线电缆类和通信电缆类也不列明，但列明小类或系列代号等。第7项是各种特殊使用场合或附加特殊使用要求的标记，在"-"后以拼音字母标记。有时为了突出该项，把此项写到最前面。如ZR-（阻燃）、NH-（耐火）、WDZ-（低烟无卤、企业标准）、TH-（湿热地区用）、FY-（防白蚁、企业标准）等。电缆型号表见表1-1。

表1-1　电缆型号表

电缆类别和用途代号		导体代号	
A	安装线	T	铜导线
B	绝缘线	L	铝芯
C	船用电缆		
K	控制电缆	绝缘层代号	
N	农用电缆	V	PVC塑料
R	软线	YJ	XLPE绝缘

续表

电缆类别和用途代号	
U	矿用电缆
Y	移动电缆
JK	绝缘架空电缆
M	煤矿用
ZR	阻燃型
NH	耐火型
WD	低烟无卤型

续表

绝缘层代号	
X	橡皮
Y	聚乙烯料
F	聚四氟乙烯

护层代号	
V	PVC 塑料
Y	聚乙烯料
N	尼龙护套
P	铜丝编织屏蔽
P2	铜带屏蔽
L	棉纱编织涂蜡
Q	铅包

特征代号	
B	PVC 塑料
R	聚乙烯料
C	重型
Q	轻型
G	高压
H	电焊机用
S	双绞型

第二节　电气接线

一、线缆捆扎的工艺要求

（1）根据绑扎电缆的整体外径和重量选取合适长度和宽度的绑扎带，绑扎带断口长度不得超过 2 mm，并且位置不得向维护面。

（2）电缆应远离旋转和移动部件，避免电缆出现悬挂、摆动的情况。

（3）相同走向电缆应并缆，在与金属部分接触时要对电缆防护，用缠绕管保护电缆绝缘层，再用规定的绑扎带固定。电缆绑扎带间距 150 mm，发电机 185 mm^2 以上动力电缆选择适合位置绑扎。绑扎带间距可根据路线适当调整，但须保证间距排布均匀。

绑扎的间隔距离和线束直径关系如下表 1-2 所示。

表 1-2　绑扎间隔距高和线束直径关系

线束直径（mm）	绑扎距离（mm）
d≤5	30~50
5<d≤10	50~80
10<d≤15	80~100
15<d≤20	100~150
20<d≤25	150~200

各种连接器端头到线束绑扎起始处的距离和线束直径关系如下表 1-3 所示。

表 1-3　连接器到绑扎处直径与线束直径关系

线束直径（mm）	电连接器到绑扎处的距离（mm）
d≤12	25~50
12<d≤25	50~75
d>25	75~100

注意事项：

尼龙扎带（束线带）操作时应注意以下几点。

（1）龙扎带具有吸湿性，在未使用之前不要打开包装。在潮湿环境中打开包装后，尽量在 12 小时内用完，或者把未用完尼龙扎带的进行重新包装，以免影响在操作使用时尼龙扎带的抗拉强度和刚性。

（2）作使用时，使用抽紧拉力，不能超过尼龙扎带本身的拉伸强度（拉力）。

（3）捆扎物体圈径要小于尼龙扎带圈径，大于或等于尼龙扎带圈径将不方便操作并导致捆扎不紧固。扎紧后带体剩余长度不小于 100 mm 为宜。

（4）被捆扎物体表面部分不能有尖角。

（5）在使用尼龙扎带的时候一般有两种方法，一种是人工用手拉紧，另一种是用扎带枪来拉紧并切断。在使用扎带枪时，要注意调整好扎带枪力度。具体情况要根据扎带的大小、宽和厚薄来确定扎带枪的力度。

二、风电机组电气安装接线工艺（机舱、叶轮、发电机、现场等各种类型）

（一）机舱电气安装接线工艺

1. 机舱内偏航电机接线

如图 1-41、图 1-42 所示，偏航电机的动力电缆与信号电缆分别根据电气接线通用规范剥除长度合适的外层绝缘，分别压接相应的环形预绝缘端头和管型预绝缘端头，根据图纸要求接在电机接线盒内的接线柱 U、V、W 和接线座 L、N 上，接地线接在接线盒内的 PE 接地点上。接线时，线缆须固定牢靠，不能虚接和松动。线缆在接线盒内布线时禁止交叉。

动力电缆与信号电缆出接线盒排布时，根据线缆直径分别选用合适的缠绕管进行防护，汇合处用缠绕管进行统一防护。在固定点与固定座位置使用尼龙扎带进行绑扎固定。要求布线整齐、美观，禁止交叉。

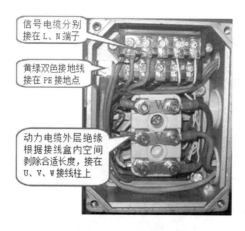

图 1-41　偏航电机接线盒接线

图 1-42　偏航电机线缆排布

2. 机舱内液压站接线

　　如图1-43、图1-44所示，液压站动力电缆根据电气接线通用规范剥除合适的绝缘层长度。压接与线芯直径相符的管型预绝缘端头，按图纸要求对应接入相应 L1、L2、L3、PE 端子。信号电缆也是根据接线盒空间和接线端子位置，每根线缆剥除相应合适的绝缘层长度，压接与线芯直径相符的管型预绝缘端头，根据图纸接在相应的端子上，要求线缆排列整齐、美观。信号电缆屏蔽层使用缠绕管热缩进行防护后，压接合适的管形预绝缘端头接入 PE 端子。

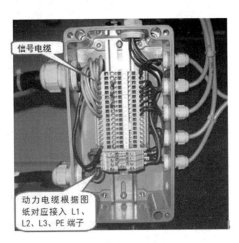

图 1-43　液压站接线盒接线

图 1-44　液压站线缆排布

　　液压站动力电缆与信号电缆布线使用缠绕管防护，进线缆槽盒走线，使用绑扎带进行绑扎固定。

3. 机舱润滑油泵接线

　　如图1-45、图1-46所示，润滑油泵电缆分别按照润滑油泵接线图，正（+）接1，负（-）接2，PE 接 PE 接入润滑油泵电源端头，并将电源端头安装在润滑油泵上。

　　润滑油泵根据线缆直径选用合适的缠绕管，与油管一起用绑扎带进行固定排布。

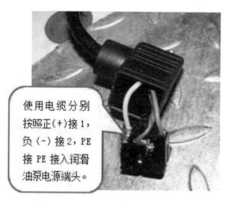

图 1-45　润滑油泵电源头接线　　图 1-46　润滑油泵液压站线缆排布

4. 机舱凸轮计数器接线

如图 1-47、图 1-48 所示，计数器用螺栓安装在凸轮计数器的支架上，要求凸轮齿顶与偏航轴承齿的齿根之间间隙为 15 mm～20 mm。凸轮计数器内部接线按照电气接线通用规范，将电缆绝缘层剥除合适的预留长度，电缆头根据线缆直径压制相应的管形预绝缘端子，对照图纸关系分别接入凸轮开关和电位器。见图 1-49。

凸轮计数器与油管用绑扎带绑扎固定在一起，穿过线缆预留支架走线孔排布，见图 1-50。

图 1-47　凸轮计数器固定在支架上　　图 1-48　凸轮齿顶与偏航轴承齿的齿根之间间隙

图 1-49　凸轮计数器接线

图 1-50　凸轮计数器布线

5. 机舱震动开关接线

电缆根据电气接线通用规范剥除合适长度的电缆绝缘层，压接管状预绝缘端子，按照图纸接在相应端子上。见图 1-51。

布线全程使用缠绕管防护，并在固定座位置使用绑扎带进线固定。见图 1-52。

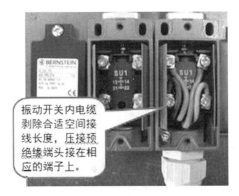

图 1-51　震动开关接线

图 1-52　震动开关布线

6. 机舱照明灯接线

制作电缆头，须根据电气接线通用规范剥除适合的电缆绝缘层长度，用剥线钳相应的切口剥除电缆内芯端头，用压线钳压制适合电缆直径的管形预绝缘端子。按照并联方式，用电缆连接左右两个机舱照明灯，再用电缆连接机舱左侧照明灯和机舱控制柜，即并联节点在左侧照明灯内。见图1-53和图1-54。

照明灯电缆布线每隔300 mm安装一个固定座，用绑扎带固定电缆。（这里间隔300 mm只是个例，具体还要根据现场的实际情况而定）

图1-53　照明灯电缆布线固定

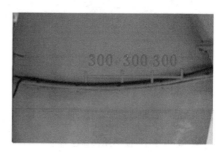

图1-54　照明灯电缆布线绑扎间距

7. 机舱提升机接线

将提升机电缆接入开关盒，根据电气接线通用规范要求接线盒内电缆外层护套剥除相应长度，压制管形预绝缘端子。将三根芯线对应U、V、W的线序，安装在提升机开关上；黄绿双色接地线需要连接在一起，并用热缩套做防护，若开关盒内有接地点，则不需要将电缆连接在一起，直接接在接地点上即可。见图1-55。

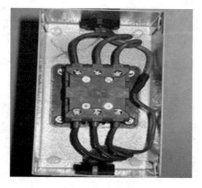

图1-55　提升机开关盒接线

图1-56　提升机开关盒布线

提升机开关盒出口电缆用缠绕管防护，然后将提升机电缆与照明电缆一起捆扎排布至顶舱控制柜。见图1-56。

8. 机舱开关柜接线

开关柜电缆根据电气接线通用规范剥除合适的绝缘层长度，压接管型预绝缘端头，屏蔽层用热缩套进行防护，压接管型预绝缘端头，依照原理图将其接在相应的接线端子上。见图1-57。

开关柜线缆用缠绕管进行防护，沿着线缆走线槽布线，并用绑扎带进行绑扎固定。两个开关柜布线时应保持电缆弯曲的弧度一致。两个开关柜汇合后，沿上平台左侧的控缆槽向后排布，要求排列整齐、美观，禁止线缆交叉。见图1-58。

图1-57 开关柜内接线

图1-58 开关柜布线

9. 机舱控制柜接线

电缆延桥架布线，线缆用绑扎带固定在桥架上，选择工艺要求相应的PG口进入机舱柜。电缆排列须整齐、标识完整。见图1-59和图1-60。

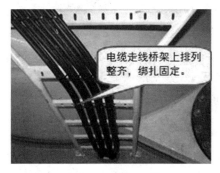

图1-59 机舱柜布线1

图1-60 机舱柜布线2

机舱柜内线缆根据电气通用接线规范剥除相应绝缘层长度，压接绝缘端头。线缆布进线槽后，按图纸进行接线，将其接在相对应的端子上。见图 1-61。

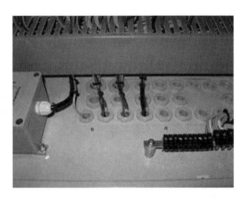

图 1-61　机舱柜接线

（二）叶轮电气安装接线工艺

1. 叶轮接线开关与限位开关接线

限位开关用 4 个内六角螺栓固定在变桨支架上，接近开关用手旋紧在变桨支架后，再用开口扳手拧 1/4 圈，并画上防松动标记。见图 1-62。

限位开关与接近开关全程使用缠绕管进行防护，并用绑扎带对电缆进行绑扎固定。见图 1-63。

图 1-62　限位开关、接近开关接线

图 1-63　限位开关、接线开关布线

2. 叶轮变桨电机接线

偏航电机电缆根据线缆直径压接合适的铜鼻子，压接处根据图纸使用相应相序颜色的热宿管（黄、绿、红）防护，并按照图纸要求接线。使黄-U，绿-V，红-W，U、V、W 在接线柱磁座上有明显标示。线缆使用螺母固定时，需要使用力矩扳手根据紧固件使用规范的螺栓紧固值进行紧固。见图 1-64。

偏航电缆沿电缆板进行走线，布线要求排列整齐、美观，并用绑扎带进行绑扎固定。见图 1-65。

图 1-64　偏航电机接线盒接线

图 1-65　偏航电机布线

（三）发电机安装接线工艺

1. 发电机 PT100 传感器接线

将 PT100 电缆束从接线滤盒 PG 出口穿入传感器接线盒。从接线盒入口 PG 处算起，将 PT100 电缆预留合适的长度，多余部分截断舍弃，注意保留每根 PT100 电缆上标记的线号。

剥出 PT100 电缆头 50 mm，将两根红色线芯用一个线芯相应管型预绝缘端子压接在一起，将白色线芯和屏蔽层分别压接与线芯相应管型预绝缘端子，并按照 PT100 接线盒示意图进行接线。见图 1-66。

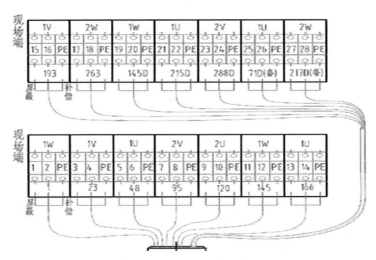

图1-66　传感器接线盒内接线示意图接线

2. 发电机定子绕组接线

（1）发电机定子绕组出线共12根电缆，分为4组，每组3根，由U相、V相、W相组成，还有两根中性线。从左至右数第一组、第二组、第三组和第四组，将第一和第三组定为绕组一接入开关柜一进线母排上，第二和第四组定为绕组二接入开关柜二进线母排上。见图1-67和图1-68。

图1-67　机舱发电机开关柜

图1-68　发电机定子绕组电缆

（2）接线前，须先将叶轮锁定好，并对发电机绕组内的余压进行对地放电处理。在接线前，对发电机绕组线序的检查，以区分发电机绕组一和绕组二（使用万用表调到电阻档，绕组相互之间正确的状态是断开的），避免绕组间相互混淆。在确保无误后，再制作电缆接头。见图1-69。

（3）将发电机12根引出电缆固定在电缆托架上。在发电机侧电缆预留弧度，至开关柜母排位置后将多余的电缆裁断，在裁电缆前做好标识。见图1-70。按照相序接入发电机开关柜进线端母排上。柜内电缆接线对照图纸进行接线，2根中性线电缆不用接入开关柜内，在端部位置用防护套管做好防护固定在托架上即可。见图1-71。

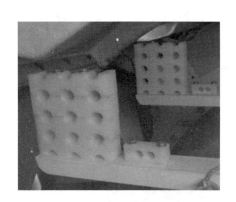

图1-69　机舱电缆桥架

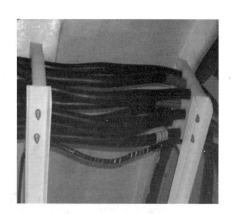

图1-70　桥架电缆排布

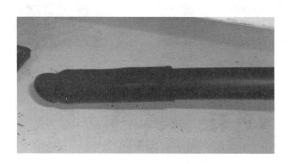

图1-71　发电机中性线电缆密封防护

（4）在剥电缆外层绝缘时，使用美工刀时要注意，不得损伤电缆内铜丝，电缆铜丝不要有松散现象。在压接电缆接线鼻子时要注意，压接时要从前往后压接，避免铜管内出现气堵现象。压接不得少于三道，对压接出现的棱角使用磨光机或者锉刀打磨处理，见图1-72所示。

图 1-72　绕组电缆头压接

（5）对电缆接线鼻子的防护，先使用防水绝缘胶带缠绕防护一层，再使用 PVC 胶带缠绕防护一层。防护层要平整、紧密，使用黄、绿、红三色热缩套对应各个相序。电缆使用热缩套防护，每根所需长度为 100 mm，如图 1-73、图 1-74 和图 1-75 所示。

图 1-73　防水绝缘胶带防护

图 1-74　PVC 绝缘胶带防护

图 1-75　电缆绝缘防护效果图

（6）在接线前，将开关柜盖板拆下，将螺栓收好避免丢失。接线完成后，恢复开关柜盖板，用力矩扳手对母排上螺栓力矩验证。力矩标准参考高强度紧固件使用规范，用记号笔对螺栓做防松标识。

（7）在每根电缆上距离开关柜出口处安装电缆相应的标记套。

（四）现场安装接线工艺

1. 现场叶轮锁定传感器的安装接线工艺

（1）约定在发电机机舱内，面向发电机方向站立。左边为发电机叶轮锁定传感器 1，右边为发电机叶轮锁定传感器 2。见图 1-76。

图 1-76　发电机锁定销传感器 2

（2）在接线前，要在发电机定子上粘扎线座。根据传感器电缆走向用结构胶粘贴。粘贴前，要将定子表面清洁干净。扎线座粘贴牢固后才能布线。传感器 1 使用扎线座数量为 3 个，传感器 2 使用扎线座数量为 4 个。

（3）传感器 1 安装。将传感器感应面向叶轮锁定销。使用开口扳手将传感器前后备帽锁紧，将传感器电缆线用尼龙扎带固定到扎线座上。传感器电缆与发电机 PT100 电缆会合。见图 1-77 和图 1-78。

（4）传感器 2 安装。其安装与传感器安装相同，走线位置不同。使用传感器电缆线，沿扎线座至机舱上平台电缆桥架。

（5）传感器 2 电缆沿平台上电缆桥架排布，和 PT100 电缆、传感器 1 汇合一起排布至机舱控制柜下部，用缠绕管对电缆防护。

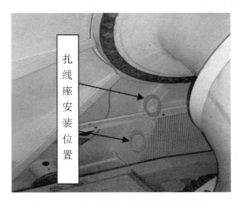

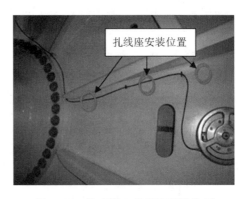

图1-77 传感器1扎线座安装位置　　　　　图1-78 传感器2扎线座安装位置

注意事项：

在安装时，避免磕碰到传感器头部。在电缆桥架处使用缠绕管进行电缆防护。

2. 现场环境温度传感器的安装接线工艺

（1）机舱环境温度传感器的安装在振动保护开关下面机舱罩的位置，见图1-79和图1-80。

图1-79 打孔位置　　　　　　　　　　图1-80 走线位置

（2）在机舱振动保护开关正下方，用手电钻在机舱罩上钻一个 $\varphi 5$ 的孔。将环境温度传感器的端部伸出机舱壳体3 cm，使用密封胶将钻孔处密封。环境温度传感器电缆布线，沿振动保护开关电缆走线排布，沿电缆支架排布到顶舱控制柜下部，从PG孔穿入接到倍福模块上。

3. 现场风速仪、风向标的安装接线工艺

（1）安装位置约定面向机舱尾部左手支架安装风向标，右手支架安装风速仪，即高的支架上装风向标，低的支架上装风速仪，见图 1-81。

图 1-81　风速仪和风向标

（2）在安装前，先将安装底座与风速仪、风向标组对好，用套筒和开口扳手紧固上下锁紧螺母。在安装风向标时，要将风向标的 N 级朝向机舱尾部，这个是表示风向标 0°位置，见图 1-82。为了安装方便，在安装时将底座螺栓调整到两侧，如图 1-83 所示。将电缆与风向标、风速仪连接电缆从支架管内穿出，在防雷垫板中心孔处用缠绕管防护，电缆要悬空避免与金属部分接触。

（3）在机舱上面用结构胶将扎线座粘贴牢固，位置如图 1-83 所示。风向标、风速仪电缆将和接地线一起排布，沿顶舱控制柜左侧电缆桥架排布至控制柜下面。

图 1-82　风向标 N 极

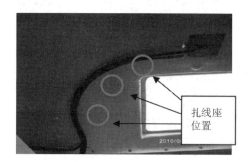

图 1-83　扎线座位置

4. 现场航空灯的安装接线工艺

（1）航空障碍灯安装在测风支架上，如图 1-84 所示。要求航空灯支座穿线孔与测风支架上的穿线孔对正安装，连接牢固可靠且不能有转动。在安装时，人

员要穿好安全衣并系好安全绳。在出舱作业时，应将安全绳一端固定在机舱内，工具不能放在机舱罩上，避免滑落伤人。

图 1-84 航空障碍灯

（2）在安装时，先将障碍灯的电缆从障碍灯支座穿入测风支架至机舱。障碍灯电缆与风速仪风向标电缆一起排布。将航空灯电缆穿出用缠绕管防护好，用尼龙扎线带固定排布至机舱控制柜下部。障碍灯朝向机舱尾部方向。

（3）将航空灯电源电缆接入机舱控制柜，根据接线图纸接线。

5. 叶轮转速传感器的安装接线工艺

（1）安装叶轮传感器约定，以人站在导流罩内面向轮毂方向为准，左边为叶轮转速传感器1，右边为叶轮转速传感器2。在布线前要做好标识，以避免接线时混淆。

（2）将叶轮转速传感器安装在轮毂内齿轮盘支架上，传感器电缆从轴承端盖上的小孔进入机舱，和滑环电缆一起走线。电缆通过出线孔时，要用缠绕带防护，如图1-85所示。

如果在调试时，机组报转速比较错误故障，说明齿形盘有可能不平，或者在吊装时发生了碰撞造成变形。因此在接线时就要注意，及时排查可能出现的问题。若发现问题应及时纠正。在轮毂内作业要注意安全，也要注意内部清洁。须将所有工具放到工具包内，进去前后要清点工具，不要将工具遗漏在轮毂里面。

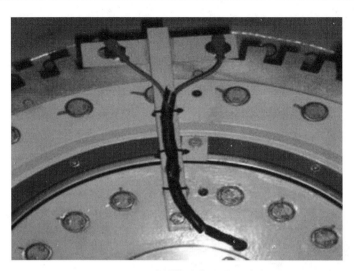

图 1-85　叶轮转速传感器安装

 **思考题：**

1. 电缆的结构包括哪些？

2. 如何对电缆进行防腐处理？

3. 端子压接质量的检验方法有哪些？

4. 简述数字绝缘测试仪的使用方法。

5. 简述工艺中规定的电缆安装排布要求。

第二章   发电机装配

学习目的：

1. 使用绝缘电阻测试仪测量绝缘电阻。

2. 使用直流电阻仪检查直流电阻。

3. 将变频器进行电气接线。

4. 将发电机温度传感器与测温接线盒进行电气连接。

5. 使用绝缘胶布把电缆引线完全包裹。

第一节   装配准备

一、绝缘电阻测试仪的使用方法

（一）兆欧表

兆欧表是用来测量被测设备的绝缘电阻和高值电阻的仪表，它由一个手摇发电机、表头和三个接线柱（即由线路端、接地端和屏蔽端）组成。

1. 兆欧表的选用原则

（1）额定电压等级的选择。一般情况下，额定电压在 500 V 以下的设备，应选用 500 V 或 1000 V 的兆欧表；额定电压在 500 V 以上的设备，选用 1000~2500 V 的兆欧表。

（2）电阻量程范围的选择。兆欧表的表盘刻度线上有两个小黑点，小黑点之间的区域为准确测量区域。因此在选表时，应使被测设备的绝缘电阻值在准确测量区域内。

2. 兆欧表的使用

（1）校表。测量前，应将兆欧表进行一次开路和短路试验，检查兆欧表是否良好。将两连接线开路，摇动手柄，指针应指在"∞"处；再把两连接线短接一下，指针应指在"0"处。符合上述条件者即良好，否则不能使用。

（2）被测设备与线路断开，对于大电容设备还须进行放电。

（3）选用电压等级符合的兆欧表。

（4）测量方法。测量绝缘电阻时，一般只用"l"和"e"端，但在测量电缆对地的绝缘电阻或被测设备的漏电流较严重时，就要使用"g"端，并将"g"端接屏蔽层或外壳。线路接好后，可按顺时针方向转动摇把，摇动的速度应由慢而快。当转速达到 120 rpm 左右时，保持匀速转动。1 min 后读数，并且要边摇边读数，不能停下来读数。

（5）拆线放电。读数完毕，一边慢摇，一边拆线，然后将被测设备放电。放电方法是将测量时使用的地线从兆欧表上取下来与被测设备短接一下即可（不是将兆欧表放电）。

注意事项：

（1）禁止在雷电时或高压设备附近测绝缘电阻，只能在设备不带电，也没有感应电的情况下测量。

（2）在测量含有 IGBT 或其他电力功率器件回路的绝缘时，必须将其脱离后进行测量。

（3）在使用绝缘电阻表过程中，禁止对被测器件进行操作。

（4）兆欧表线不能绞在一起，要分开。

（5）兆欧表未停止转动之前或被测设备未放电之前，严禁用手触及。拆线时，也不要触及引线的金属部分。

（6）测量结束时，对于大电容设备要放电。

（7）定期校验兆欧表的准确度。

（二）Fluke 绝缘测试仪

Fluke 仪表是在日常工作中较常见的数字绝缘摇表，这里以 Fluke 绝缘测试仪为例，对数字绝缘摇表的使用做介绍。

它是一种由电池供电的绝缘测试仪（以下简称"测试仪"）。该测试仪符合第四类《测量、控制和实验实用电气设备的安全要求》IEC 61010 标准。IEC 61010 标准根据瞬态脉冲的危险程度定义了四种测量类别（CAT I 至 IV）。第四类测试仪设计成可防护来自供电母线的（如高空或地下公用事业线路设施）瞬态损害。

测试仪可用于测量或测试下列参数：交流/直流电压、接地耦合电阻、绝缘电阻。

1. 安全须知

为了避免触电或人身伤害，请根据以下指南进行操作。

（1）如果测试仪或测试导线已经损坏，或者测试仪无法正常操作，则请勿使用。若有疑问，请将测试仪送修。

（2）在将测试仪与被测电路连接之前，始终记住选用正确的端子、开关位置和量程档。

（3）用测试仪测量已知电压来验证测试仪操作是否正常。

（4）端子之间或任何一个端子与接地点之间施加的电压不能超过测试仪上标明的额定值。

（5）电压在 30 Vac rms（交流有效值），42 Vac（交流）峰值或 60 Vdc（直流）以上时应格外小心。这些电压有造成触电的危险。

（6）出现电池低电量指示符（▇▇）时，应尽快更换电池。

（7）测试电阻、连通性、二极管或电容以前，必须先切断电源，并将所有的高压电容器放电。

（8）使用测试导线时，手指应保持在保护装置的后面。

（9）打开测试仪的机壳或电池盖以前，必须先把测试导线从测试仪上取下。不能在测试仪后盖或电池盖打开的情况下使用测试仪。

（10）不要单独工作。

（11）仅使用指定的替换保险丝来更换熔断的保险丝，否则测试仪的保护措施可能会遭到破坏。

（12）使用前，先检查测试导线的连通性。如果读数高或有噪音，则不要使用。

2. 符号说明

万用表常用符号的含义，见表2-1。

表2-1　万用表常用符号的含义

符号	含义	符号	含义
～	AC（交流）		接地点
---	DC（直流）		保险丝
⚡	警告：有造成触电的危险		双重绝缘
电池符号	电池（在显示屏上出现时表示电池低电量）	⚠	重要信息，请参阅手册

3. 危险电压

为了提醒工作人员注意潜在危险的电压，当测试仪在绝缘测试中检测到超过30 V以上的电压，在电阻中检测到超过2 V的电压，或者电压过载（**OL**）时，⚡符号就会显示在显示屏上。

4. 旋钮开关位置

选择任意测量功能档即可启动测试仪。测试仪为该功能档提供了一个标准显示屏（量程、测量单位和组合键等）。用按钮选择其他任何旋转开关功能档。旋转开关的选择如图2-1所示，并在表2-2中加以解释。

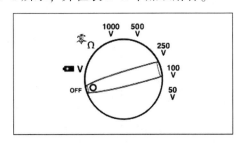

图2-1　测量功能档

表 2-2 旋转开关的选择

开关位置	测量功能
■■ V	AC（交流）或 DC（直流）电压，从 0.1 V 至 600.0 V。
零Ω	Ohms（欧姆），从 0.01 Ω 至 20.00 kΩ。
1000 V、250 V、100 V、50 V	Ohms（欧姆），从 0.01 MΩ 至 10.0 GΩ。利用 50、100 、250、500 和 1000 V 执行绝缘测试。

5. 按钮/指示灯

使用按钮来激活可扩充旋转开关所选功能的特性。测试仪的前侧还有两个指示灯。当使用此功能时，它们会点亮。按钮和指示灯如图 2-3 所示，并在表 2-3 中加以解释。

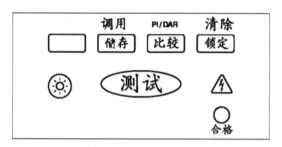

图 2-2 按钮和指示灯

表 2-3 按钮和指示灯件

按钮/指示灯	说明	按钮/指示灯	说明
▭	按蓝色按钮来选择其他测量功能档	清除 锁定	打开或关闭背光灯。背光灯在 2 分钟后熄灭。
调用 储存	保存上一次绝缘电阻或接地耦合电阻测量结果	☼	第二功能，清除所有内存内容
调用 储存	第二功能，检索保存在内存中的测量值	测试	当旋转开关处于 INSULATION（绝缘）位置时，启动绝缘测试。使测试仪供应（输出）高电压并测量绝缘电阻。当旋转开关处于 ohms（欧姆）位置时，启动电阻测试

续表

按钮/指示灯	说明	按钮/指示灯	说明
PI/DAR **比较**	给绝缘测试设定通过/失败极限。	⚠	危险电压警告。表示在输入端检测到 30 V 或更高电压（交流或直流取决于旋转开关的位置）。当在 ➕ V 开关位置上，显示屏中显示 **OL**，以及 **batt** 显示在显示屏上时，也会出现该指示符。当绝缘测试正在进行时，Z 符号也会出现
PI/DAR **比较**	第二功能，按此按钮来配置测试仪进行极化指数或介电吸收比测试。按 测试 按钮开始测试	◯	通过指示灯。指示绝缘电阻测量值大于所选的比较限值
清除 **锁定**	测试锁定。如在按测试按钮之前按下此 测试 按钮，则在再次按下锁定或测试按钮解除锁定之前，测试将保持在活动状态		

6. 了解显示屏

显示屏指示符如图 2-3 所示，并在表 2-4 中加以解释。可能在显示屏中出现的出错信息，见表 2-5。

图 2-3　显示屏指示符

表 2-4　显示屏指示符

指示符	说明	指示符	说明
锁定🔒	表示绝缘测试或电阻测试被锁定	88.8.8	主显示
− ＞	负号，或大于符号	测试	绝缘测试指示符。当施加绝缘测试电压时，该符号显示
 ⚡	危险电压警告	V DC	伏特（V）
 ➕🔋	电池低电量。指示何时应更换电池。当显示  ➕🔋 符号时，背光灯按钮被禁用以延长电池寿命  ⚠️⚠️ 警告，为了避免因读数出错导致触电或人身伤害，当显示电池低电量指示符时，应尽快更换电池	1888	辅显示
PI DAR	极化指数或介电吸收比测试被选中	比较	表示所选的通过/失败比较值
Ø 零	导线零电阻功能启用	18 储存号	储存位置
VAC, VDC, Ω, kΩ, MΩ, GΩ	测量单位		

表 2-5　出错信息

信息	说明
batt	出现在主显示位置，表示电池电量过低，不足以可靠运行。更换电池之前测试仪不能使用。当主显示位置出现 batt 符号时，➕🔋也会显示 
＞	表示超出量程范围的值
CAL Err	校准数据无效，请校准测试仪

7. 输入端子

输入端子如图 2-4 所示，并在表 2-6 中加以解释。

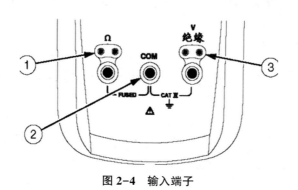

图 2-4　输入端子

表 2-6　输入端子说明

项目	说明
①	用于电阻测量的输入端子
②	所有测量的公共（返回）端子
③	用于电压或绝缘测试的输入端子

8. 测量绝缘电阻

绝缘测试只能在不通电的电路上进行。要测量绝缘电阻，请按照图 2-5 所示设定测试仪并遵照下列步骤操作。

（1）将测试探头插入 Ω 和 COM（公共）输入端子。

（2）将旋转开关转至所需要的测试电压。

（3）将探头与待测电路连接。测试仪会自动检测电路是否通电。

①主显示位置显示——直到按测试　测试　按钮，此时将获得一个有效的绝缘电阻读数。

②如果电路中的电压超过 30 V（交流或直流）以上，在主显示位置显示电压超过 30 V 以上警告的同时，还会显示高压符号（ ⚡ ）。在这种情况下，测试被禁止。在继续操作之前，先断开测试仪的连接并关闭电源。

（4）按住　测试　按钮开始测试。辅显示位置上显示被测电路上所施加的测试电压。主显示位置上显示高压符号（ ⚡ ）并以 MΩ 或 GΩ 为单位显示电阻。显示屏的下端出现 **测试** 图标，直到释放测试按钮。当电阻超过最大显示量程时，测试仪显示 **＞** 符号以及当前量程的最大电阻。

（5）继续将探头留在测试点上，然后释放测试按钮。被测电路即开始通过测试仪放电。

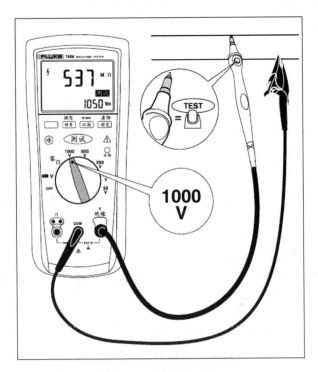

图 2-5　测量绝缘电阻

9. 测量极化指数和介电吸收比

极化指数（PI）是测量开始 10 分钟后的绝缘电阻与 1 分钟后的绝缘电阻之间的比率。介电吸收比（DAR）是测量开始 1 分钟后的绝缘电阻与 30 秒后的绝缘电阻之间的比率。绝缘测试只能在不通电的电路上进行。要测量极化指数或介电吸收比，操作步骤如下：

（1）将测试探头插入 V 和 COM（公共）输入端子。

注意事项：

考虑到极化指数（PI）和介电吸收比（DAR）测试所需的时间，建议使用测试夹。

（2）将旋转开关转至所需要的测试电压位置。

（3）按 PI/DAR 比较 按钮选择极化指数或介电吸收比

（4）将探头与待测电路连接。测试仪会自动检测电路是否通电。

主显示位置显示 ——直到按测试按钮，此时将获得一个有效的电阻读数。

如果电路中的电压超过 30 V（交流或直流），在主显示位置显示电压超过 30 V 以上警告的同时，还会显示高压符号（⚡）。如果电路中存在高电压，测试将被禁止。

（5）按住测试按钮开始测试。测试过程中辅显示，位置上显示被测电路上所施加的测试电压。主显示位置上显示高压符号（⚡）并以 MΩ 或 GΩ 为单位显示电阻。显示屏的下端出现测试图标，直到测试结束。

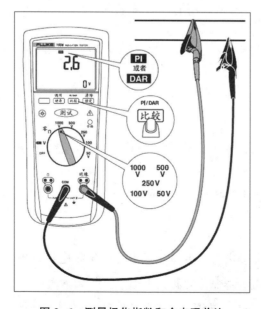

图 2-6　测量极化指数和介电吸收比

在测试完成时，主显示位置显示 PI 或 DAR 值。被测电路将自动通过测试仪放电。如果用于计算 PI 或 DAR 的值中任何一个大于最大显示量程，或者 1 分钟值大于 5000 MΩ，主显示位置将显示 **Err**。

当电阻超过最大显示量程时，测试仪显示 **>** 符号和当前量程的最大电阻。

如想在 PI 或 DAR 测试完成之前中断测试，请按住 ⬭测试 按钮片刻。当释放 ⬭测试 按钮，被测电路将自动通过测试仪放电。

10. 使用储存功能

最多可以在测试仪上保存 19 个绝缘电阻或接地耦合电阻测量值。测量值以"后存先出"的方式保存。如果保存了 19 个以上的测量值，则最先保存的将被删除，以给最新测量值留出空间。

（1）保存测量值。按 ⌷调用/储存 按钮保存最新读取的测量值。

（2）调用测量值。按蓝色按钮，然后按 ⌷调用/储存 按钮调用上一次保存的测量值。测量值将显示在主显示位置，被保存数据的序号将显示在辅显示位置。再按一次蓝色按钮和 ⌷调用/储存 按钮调用上一个保存的结果。可以重复本步骤直到显示的已储存数据计数为 1。下一个显示的测量值将是最新测量值。按 ⌷调用/储存 按钮退出调用显示。

11. 清除内存

按蓝色按钮，然后按 ⌷清除/锁定 按钮。主显示位置将显示 **cｌr?**。按蓝色按钮，然后再按一次 ⌷清除/锁定 按钮清除所有内存位置。

12. 测试电池

测试仪会持续监测电池的电压。显示屏中出现电池低电量图标（▬▬）时，表示电池只剩下最短的寿命。要测试电池须进行如下操作：

（1）将旋转开关转至 ▬ V 位置，但不插接探头。

（2）按蓝色按钮启动满负荷电池测试。电压功能显示消失，所测得的电池电压在主显示位置上显示 2 秒钟，然后恢复电压显示。

13. 测试保险丝

⚠️⚠️警告

为了避免触电或人员伤害，在更换保险丝前，请先取下测试导线并断开一切信号输入。依照下文所述及图 2-7 所示测试保险丝，并依照图 2-8 所示更换保险丝。

（1）将旋转开关转至零$_\Omega$ 位置。

（2）按住 （测试）按钮。如果显示屏读数是 **FUSE**，则表示保险丝已损坏，应予以更换。

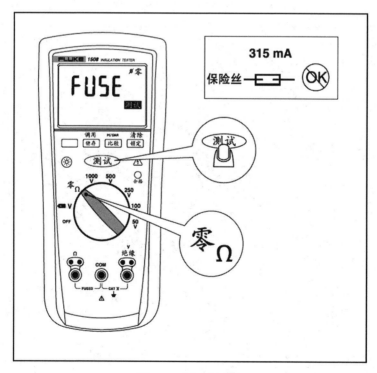

图 2-7　测试保险丝

14. 更换电池和保险丝

依照图 2-8 所示，更换保险丝和电池。

⚠️⚠️警告

为了避免触电、人身伤害或损坏测试仪，应注意以下事项。

（1）为了避免错误的读数而导致电击或人身伤害，显示屏出现电池指示符（➕）时，应尽快更换电池。

（2）只能使用指定安培数、熔断额定值、电压额定值和熔断速度的保险丝。

（3）把旋转开关转到 OFF（关闭）位置并从端子上把测试导线拆下。

①用标准螺丝起子转动电池盖锁直到开锁符号对准箭头，然后将电池盖取下。

②取出并更换电池。

③将电池盖复位并转动电池盖锁，直到锁住符号对准箭头，这样就表示电池盖已经锁紧。

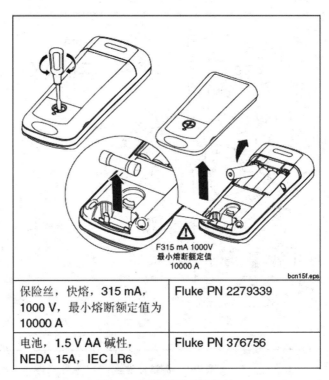

保险丝，快熔，315 mA，1000 V，最小熔断额定值为 10000 A	Fluke PN 2279339
电池，1.5 V AA 碱性，NEDA 15A，IEC LR6	Fluke PN 376756

图 2-8　更换保险丝和电池

二、发电机绕组的试验要求

(一) 测量发电机绕组的绝缘电阻

试验测量时，发电机的定转子应保持静止不动。不参加试验的绕组等均应与铁芯或机壳做电气连接，机壳应接地。绝缘电阻测量完毕后，每个回路应对接地的机壳做电气连接使其放电确保人身安全。

用绝缘测试仪 1000 V 档位测量电机绕组对机壳以及电机两套绕组间的绝缘电阻。若冷态下绝缘电阻低于 500 MΩ，则表明该发电机绕组绝缘不良。

(二) 匝间绝缘试验

首先，确认发电机套装工作全部完成。

试验应在总装厂内并在发电机静止状态下进行。要分别检测两套绕组的匝间绝缘状况。

将匝间测试仪与通道转换器连接起来，包括一根数据线及两根测试线。再将通道转换器输入端三相分别与发电机一套绕组的三相连接起来。

试验要求冲击电压值为 4200 V，波前时间 0.5 μs（测试波形选取为 7 档波形），每次试验的冲击次数为 5 次，采用面积法进行质量判定，5% 以内（含）为合格。

三、直流电阻仪的介绍及使用方法

直流电阻测试仪简称为直流电阻测量仪、直流电阻仪、变压器直流电阻测试仪、直流电阻检测仪和直流数字电桥等，是取代直流单、双臂电桥的高精度换代产品。直流电阻快速测试仪采用了先进的开关电源技术，由点阵式液晶显示测量结果。直流电阻仪克服了其他同类产品由 LED 显示值在阳光下不便读数的缺点，同时具备了自动消弧的功能。

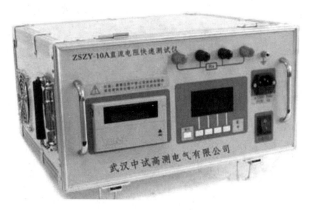

图 2-9 直流电阻测试仪

1. 直流电阻测试仪主要特点

（1）输出充电电流最大可达 2 A，测试速度快。

（2）内附可充电电池组，现场测试不需交流电源，使用方便。

（3）电阻测量范围为 $1 \mu\Omega \sim 2 k\Omega$，量程广。

（4）液晶显示方式适应各种不同的工作环境。

（5）抗干扰能力强，测量结果准确度高，重复性好。

2. 原理

采用典型的四线制测量法，以期提高测量电阻（尤其是低阻）的精确度。程控恒流源、程控前置放大器、A/D 转换器构成了测量电路的主题。中央控制单元通过控制恒流源给外部待测负载施加一个恒定、高精度的电流。然后，将所获得的数据（包括测试电压、当前的测试电流等）进行处理，得到实际电阻值。

可存储 255 试验数据，并且可打印存储的所有试验数据。仪器复位、掉电时所存储的数据均不会丢失。

直流电阻测试仪的使用方法有以下几点。

（1）测量前准备。首先，将电源线和地线应可靠连接到电阻仪上。然后把随机附带的测试线连接到直阻仪面板与其颜色相对应的输入输出接线端子上，将测试线末端的测试钳夹到待测电阻两端，并用力摩擦接触点，以确保接触良好。

打开电源开关，显示屏显示界面。直流电阻测试仪提供了几种不同的测量电流，可以根据需要进行选择。注意每种测量电流的最大测量范围，以免出现所测绕组直流电阻大于所选电流的最大测量范围，使测量开始后电流达不到预定值，导致直阻仪长时间处于等待状态。

（2）开始测量。在按下"测量"键后开始对被测绕组充电。一般在测量大电感负载时，电流达到稳定需要一定时间，电流值由零向额定值上升。

注意事项：

如果充电值长时间停滞在某一电流值不再上升，则可能当前的绕组电阻值超过了所选电流的测量范围，使电流达不到预定值，按"退出"键退出测量，然后选择小一档位电流再试。

当电流达到额定值后，充电结束，直阻测试仪开始对数据进行采样计算。

（3）结束测量。测量完毕后，按"退出"键退出测量。此时如果是电感性负载，直阻仪将自动开始对绕组放电，显示器提示"正在放电，请稍后"并发出蜂鸣音提示。放电指示消失后，即可拆除测量接线。

注意事项：

禁止在测量过程中，或者放电指示灯消失前拆除测量接线。

直流电阻测量——测量冷态发电机绕组间电阻的方法。绕组直流电阻的测定应在发电机套装前进行。将直流电阻测试仪调至 200 mΩ 档位，然后分别测量发电机六相电阻值。

在室温（20℃）条件下，每相直流电阻计算值为 0.008 Ω（3.0 MW 发电机在车间装配时引出 4 套绕组，0.008 Ω 为每套绕组的直流电阻值）。

测量相绕组与中性线间直流电阻，每相测取 3 次，取平均值，记录测试时的环境温度，并将平均值折算到 20℃ 环境温度下的阻值，折算方法为：

$$R_{20℃} = \frac{235+20}{235+t} \times R$$

式中　$R_{20℃}$——代表折算到 20℃ 环境温度下的直流电阻阻值，单位为 Ω；

　　　t——代表试验测试时的环境温度，单位为℃；

　　　R——为 t℃ 时测试得到的直流电阻平均值，单位为 Ω。

要求每一套绕组的三相电阻不平衡度不大于 2%，三相电阻不平衡度计算方法为：

$$\varepsilon = \frac{R_{max} - R_{min}}{R_{min}} \times 100\%$$

式中　ε ——代表三相电阻不平衡度；

R_{max} ——代表三相电阻中最大值，单位为 Ω；

R_{min} ——代表三相电阻中最小值，单位为 Ω。

第二节　电气接线

一、发电机定子与变频器的电气连接图的识图知识

风力永磁直驱发电机使用的变频器常是 ABB 的 ACS800。ACS800 变频器是 ABB 公司为风电设备"量身定做"的低压变频器产品。下面以 ACS800 变频器为例，介绍发电机定子与变频器的连接。

1. 变频器连接永磁电机使用时的注意事项

（1）ACS800 用于驱动永磁电机时，只能使用标量控制模式。

（2）永磁电机运行时，不要操作传动单元。因为即使供电电源断开且逆变器停止，永磁电机的转动，也会给 ACS800 的中间回路回馈电能，使得供电连接带电。

（3）安装和维护工作时，使用熔断开关断开电机与传动单元的连接。除此以外，如果有可能的话，应锁定电机轴，将电机连接端子接在一起，并接至保护地线上使。

（4）不要在高于额定转速的速度下运行永磁电机。电机超速将导致过电压，进而可能引起传动单元中间回路的电容器组破裂。

2. 变频器的接线

变频器的动力电缆与信号电缆按照相序分别接在 U1、V1、W1 与 U2、V2、W2 上，如图 2-10 所示。

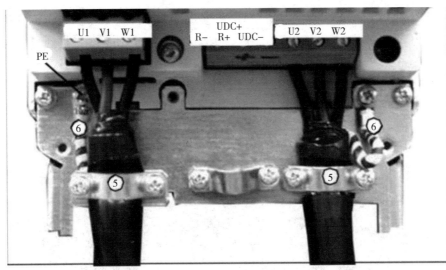

图 2-10　变频器接线

变器输出端只能连接一台永磁电机。在永磁电机和电机电缆之间安装一台安全开关。对传动进行维护期间，开关具有隔离电机的作用。将安全开关的状态信息连接至传动单元。对传动进行任何维护工作之前，必须断开安全开关，并且断开状态应该得到传动应用程序的确认。

二、发电机温度传感器与测温接线盒电气连接图的识图知识

（1）发电机温度传感器采用 3 线制 PT100，其中有 2 根线是连通的，用万用表测量为 0，这两根线是红色的。连接前，需要测量温度传感器的电阻，参照经验公式：$Y = 0.39566 \times X + 100$（Y 为计算阻值，单位为 Ω；X 为当前温度，单位为℃）来计算当前温度下的 PT100 的阻值。如阻值偏差超过 1 Ω 则需更换传感器；在发电机绕组中共安放有 12 个 PT100，每相绕组中都有 2 个，1 个作为备用。

（2）工艺中发电机温度传感器 PT100 连接方式，在发电机定子左侧位置增加了一个温度传感器 PT100 接线盒，发电机内温度传感器 PT100 的出线都接到盒内端子上。

如图 2-11 所示，接线盒内共有 12 对端子，1-18 号为发电机绕组温度传感器 PT100 接线点，21-38 号为发电机绕组温度传感器 PT100 备用接线点，如图 2-12 所示。电缆通过机舱上平台电缆桥架敷设至顶舱控制柜。

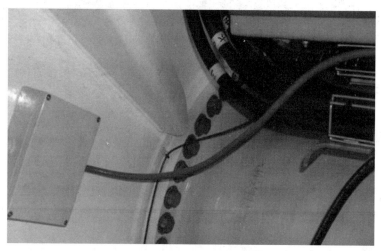

图 2-11　发电机 PT100 接线盒位置

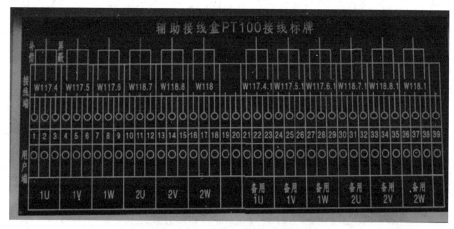

图 2-12　发电机 PT100 接线盒内部接线

电缆在桥架排布要用缠绕管防护，使用尼龙扎带将其固定在桥架上，沿电缆桥架至机舱控制柜下部 PG 孔穿入，发电机温度传感器 PT100 接线端口位置对照图纸进行接线。

PT100 接线盒内接线方法如下所示。

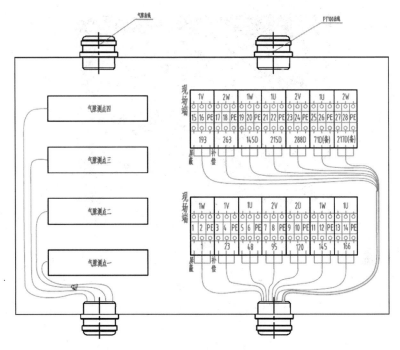

图 2-13 传感器接线盒内接线示意图

（1）将 PT100 电缆束从接线滤盒 PG 出口穿入传感器接线盒，从接线盒入口 PG 处算起，将 PT100 电缆预留合适的长度，多余部分截断舍弃，注意保留每根 PT100 电缆上标记的线号。

（2）剥出 PT100 电缆头，将两根红色线芯用一个管型预绝缘端子压接在一起，将白色线芯和屏蔽层分别压接管型预绝缘端子。

（3）按照图 2-13 所示的对应关系完成接线盒内部 PT100 接线。

（4）锁紧接线盒上的锁紧螺母。

三、电工绝缘胶布的使用方法

电工胶带全名为聚氯乙烯电气绝缘胶粘带，也称为电工绝缘胶带或绝缘胶带，适用于各种电阻零件的绝缘。电工胶带是涂布一层橡胶压敏胶而成，橡胶压敏胶具备初黏性及黏结强度，适用于各类电线电缆的绝缘缠绕。同时，它还具有机械保护、耐酸碱和等性能。电工胶带根据需要，可用于各种场合的绝缘及相色标识。

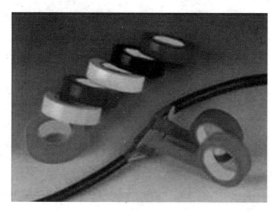

图 2-14　电工绝缘胶布

使用方法：

胶带使用时，以半重叠方式绕包。为使绕包均匀和整齐，应充分将其拉伸。在接头尾端时，胶带绕包应超过电缆尾端，再折回留下一条胶垫以防刺穿。在绕包最后一层时，不要拉伸，以免翘角。

如图 2-15 所示，缠绕电缆时，左手拿电缆，右手大拇指应插在电工胶布的纸圈里。拆开胶布头，把胶布头按顺时针方向粘向电线接头的中心点，向右边缠绕。左右手指接替散开胶布并缠绕，缠绕到绝缘层 1~2 cm 的地方，返回缠绕，再到左边绝缘层 1~2 cm 的地方，再返回缠绕到中心点，结束。1~2 cm 是按照电线的粗细决定的。在缠绕的过程中，一定要用力，将电工胶布缠得牢靠。如果随便一缠一绑的话，时间久了，胶布很有可能松动以至散掉，这是很危险的。

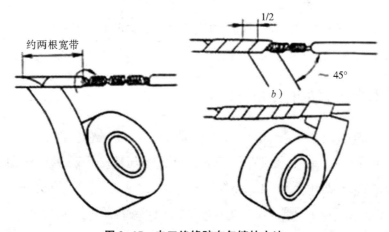

图 2-15　电工绝缘胶布包缠的方法

 **思考题：**

1. 简述兆欧表使用时的注意事项。

2. 简述使用绝缘电阻测试仪测量绝缘电阻时的方法。

3. 如何检验发电机的定子绝缘？绝缘合格标准是多少？

4. 发电机每一套绕组的三相电阻不平衡度不大于多少？它的计算公式是什么？

5. 简述电工绝缘胶布的使用方法。

第三章　电源和变流器装配

1. 检测 UPS 电源的输出阻抗。
2. 完成电池组件的串、并联组装。
3. 完成定子和转子电压信号线路与变流器的电气连接。
4. 完成断路器等其他控制线路与变流器之间的电气连接。

第一节　电源系统检测装配

一、检测 UPS 电源的输出阻抗

阻抗是电路或设备对电流的阻力，输出阻抗是在出口处测得的阻抗。阻抗越小，驱动更大负载的能力就越高。

输出阻抗含独立电源网络输出端口的等效电压源（戴维南等效电路）或等效电流源（诺顿等效电路）的内阻抗。其值等于独立电源置零时，从输出端口视入的输入阻抗。

输出阻抗就是一个信号源的内阻，阻抗越小，驱动更大负载的能力就越高。输出阻抗是在出口处测得的阻抗。输出阻抗对电路的影响是，无论信号源或放大器还是电源，都有输出阻抗的问题。对于一个理想的电压源（包括电源），内阻应该为 0，或理想电流源的阻抗应当为无穷大。现实中的电压源，则做不到这一点，常用一个理想电压源串联一个电阻 r 的方式来等效一个实际

的电压源。这个与理想电压源串联的电阻 r 就是信号源/放大器输出/电源的内阻了。当这个电压源给负载供电时，就会有电流 I 从这个负载上流过，并在这个电阻上产生 $I \times r$ 的电压降。这将导致电源输出电压的下降，从而限制了最大输出功率。同样，一个理想的电流源，输出阻抗应该是无穷大，但实际的电路是不可能的。输出阻抗，是指电路负载从电路输出端口看进电路时电路所等效的阻抗，其实这主要是针对能量源或者输出电路来说的，是能量源在输出端测到的阻抗，俗称内阻。

电压源在加到负载上时，除了在负载端消耗能量，自身也会产生能量的消耗。这是因为电压源在输出能量的时候，内部存在阻碍能量输出的阻抗，比如电池的内阻。恒压源 U，输出阻抗为 R_{out}，负载端电压为 U_r，负载 R，电流为 $I = U / (R_{out} + R)$，负载端电压 $U_r = I \times R = U \times R / (R_{out} + R)$，负载产生的功率为 $P = U_r \times I = U_2 \times R / (R_{out} + R)2$。由此公式可知，输出阻抗越小，驱动负载的能力越大，见图 3-1。

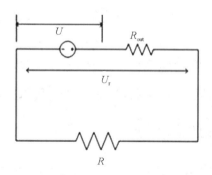

图 3-1　电流源驱动的电路

对于电流源驱动的电路，也存在输出阻抗，输出阻抗并联在恒流源两端。

电流源输出恒定电流 I，一部分 I_n 消耗在内阻 R_{out} 上，剩余的电流 I_r 消耗在负载 R 上。由此可知，负载 R 上电压为 $U_r = I_r \times R$，和内阻 R_{out} 两端电压一致，即 $U_r = I_r \times R = I_n \times R_{out}$。又因为 $I = I_r + I_n$，通过推导可知 $U_r = I \times R_{out} \times R / (R_{out} + R)$，负载端功率：

$$P = U_r \times I_r = U_{r2} / R_{out} = I^2 \times R_{out} \times R / R_{out} + R$$

由此可知，在 $R_{out} = R$ 时，外端负载 P 最大。因此，对于恒流源负载，要想获得最大功率，需要将负载的电阻值和电流源的内阻匹配一致，即尽量趋近同一个值，见图3-2。

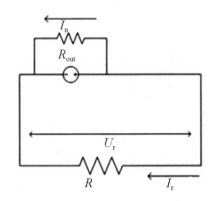

图3-2 电压源驱动的电路

阻抗测量是对加在系统、电路或元件上的正弦电压 U 和流过它们的电流 I 之比的测量。阻抗测量属于电信基本参数测量的一种。

根据频率和电路形式不同，阻抗分为集总参数阻抗和分布参数阻抗。

较低时电路和元件的尺寸与波长相比十分小，电路可认为是由单个电阻、电容及电感等集总参数元件所组成。随着频率的提高，在高频时，所有电路元件必须看作为均匀分布于电路各点，阻抗表现为分布参数阻抗。

（一）集总参数阻抗的测量方法

集总参数阻抗的测量方法有伏安计法、电桥法和谐振法等。

1. 伏安计法

伏安计法即用电压表测量被测阻抗上的电压 U_x，电流表测量流过它的电流 I_x，则被测阻抗的模值 $|Z_x|=U_x/I_x$。伏安计法测量阻抗的原理简单、测量方便，但精度较低。

2. 电桥法

电桥法属于一种比较法测量。测量的精度很高，有的交流电桥可用于几百兆赫频段内测量。用于测量阻抗的电桥有惠斯登（或四臂）电桥和差动电桥等，它们的测量原理分别示于图3-3a、图3-3b和图3-4。

在图 3-3a 中，被测阻抗 Zx 与标准可变阻抗 Z_0 放在电桥的相邻桥臂上，称为臂比电桥。当电桥平衡时，可得：

$$z_x = (z_1 \div z_2) z_0 = A z_0$$

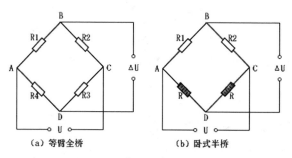

(a) 等臂全桥　　　　　　　(b) 卧式半桥

图 3-3　惠斯登电桥原理图

在式中，$A = Z_1/Z_2$ 称为比例值，常作为常值（$Z_1/Z_2 = R_1/R_2$）。因此 Z_x 与 Z_0 阻抗性质相同。在图 1b 中，Z_x 与 Z_0 放在电桥中对面桥臂位置上，称为臂乘电桥。当电桥平衡时，得

$$z_x = (z_1 \div z_2) z_0 = R_1 R_2 Y_0$$

$R_1 R_2 = Z_1 Z_2$ 保持常值时，Z_1 与 Y_0 成正比，亦即与 Z_0 阻抗性质相反。由此可用标准电容代替标准电感测量未知电感，组成各种用途的阻抗电桥。在图 3-4 中，标准阻抗 Z_0 与被测阻抗 Z_0 与被测阻抗 Z_x，以及屏蔽良好的两组线圈组成的 Z_1 与 Z_2，构成差动电桥。指示计 G 与电源隔离。此种电桥因屏蔽良好，可用于高频以至甚高频段。一般 $Z_1 = Z_2 = j\omega L_1 = j\omega L_2$，电桥平衡时，$Z_x = Z_0$。还有一种双 T 型电桥结构较复杂、调整麻烦，但精度很高，可用于高频、甚高频段。

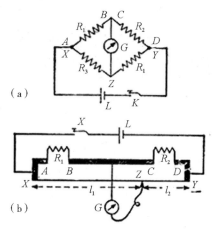

图 3-4　差动电桥电路

3. 谐振法

谐振法是根据调谐回路的谐振特性而建立的测量方法，可以用来测量元件的各种参量，如 R、L、C、Q 等。谐振法的工作频率可达几百兆赫，其缺点是精度

不高（2%~5%），但与替代法合并使用，可消除寄生参量影响。Q 表是利用谐振法组成的专用仪器，是阻抗参数测量的重要仪器之一。

4. 矢量阻抗法

利用阻抗的定义 Z=U/I，而直接测量复数电压和复数电流之比给出阻抗称为矢量阻抗法。由此原理制成的仪表有自动阻抗电桥和矢量阻抗表两类。使用微处理器可使阻抗测量精度较高、速度快和功能多，为目前阻抗测量的发展重要方向。

二、电池组件的串联和并联方法

如何正确地把电池串联和并联起来使用，这听起来好象很简单，但是遵循一些简单的规则，就可以避免不必要的问题。

在电池组中是把多个电池串联起来，得到所需要的工作电压。如果所需要的是更高的容量和更大的电流，那就应该把电池并联起来。另外还有一些电池组，把串联和并联这两种方法结合起来。比如，一个膝上型电脑的电池有可能是把四节 3.6V 锂离子电池串联起来，总电压达到 14.4V；然后，再把两组串联在一起的电池并联起来，这样电池组的总电量就可以从 2000 mA 提高到 4000 mA。这种接法称作"四串两并"，它的意思是把两组由四节电池串联在一起的电池组并联起来。

在手表、备份用的存储器和蜂窝电话里一般使用一节电池。一节镍基电池的标称电压是 1.2 V，碱性电池是 1.5 V，氧化银电池是 1.6 V，铅酸性电池是 2 V，锂电池是 3 V，而锂离子电池的标称电压则是 3.6 V。使用锂离子聚合物和其他类型的锂电池，它的额定电压一般为 3.7 V。如果要想得到像 11.1 V 这种不常见的电压，就得把三节这种电池串联在一起。随着现代微电子技术的发展，我们已经可以用一节 3.6 V 的锂离子电池，为蜂窝电话和低功耗的便携通信产品供电。在 20 世纪 60 年代，曾在照度计中广泛使用的汞电池，出于环境保护方面的考虑，如今已经完全退出市场。

镍基电池的标称电压为 1.2 V 或 1.25 V。它们之间，除了市场偏好之外，没有任何差别。大部分的商用电池，每节电池的电压为 1.2 V。在工业电池中，每节电池的电压仍是 1.25 V。

　　串联高电量的便携设备，一般是由两节或更多节电池串联起来的电池组供电。如果使用高电压的电池，导体和开关的尺寸可以做得很小。中等价位的工业电动工具一般使用电压为 12 ~19.2 V 的电池供电；而高级电动工具使用电压为 24 ~36 V 的电池，以获得更大的电力。汽车工业最终把启动器的点火电池电压从 12 V（实际上是 14 V）提高到 36 V，甚至是 42 V。这些电池组是由 18 节串联起来铅酸性电池组成。在早期的混合型汽车中，用来供电的电池组，电压为 148 V。比较新的车型所使用的电池组，电压高达 450 ~500 V，大部分是镍基化学电池。一个电压为 480 V 的镍金属氢电池组是由 400 节镍金属氢电池串联而成。有一些混合型汽车也用铅酸性电池做过试验。

　　42 V 的汽车使用的电池不仅价格昂贵，而且比起 12 V 电池，它在开关上会产生更多的电弧。使用高电压电池组所带来的另一个问题，就是有可能遇到电池组里的某一节电池失效的情况。这就像一个链条，串联在一起的电池越多，出现这种情况的概率就越高。只要一节电池有问题，它的电压就会降低。到最后，一节"断开"的电池可能就会中断电流的输送。而要更换"坏"电池也绝非易事，因为新老电池是互不匹配的。一般来说，新电池的容量要老电池的容量高得多。

　　再来看一个电池组的实例，第三节电池仅产生 0.6 V 的电压，而不是正常的 1.2 V，如图 3-5 所示。随着工作电压的下降，它比正常电池组更快地达到放电结束的临界点，同时，它的使用时间也急剧缩短。一旦设备因电压过低而切断电源，其余三节仍然完好的电池就不能把所存储的电量送出来了。这时，第三节电池还呈现很大的内阻，如果此时还带有负载，那么将会导致整个电池链的输出电压将大幅度下降。在一组串行电池中，一节性能差的电池，就像是一个堵住水管的塞子，会产生巨大的阻力，阻止电流流过去。第三节电池也会短路，这将使终端的电压降低至 3.6 V，或者使电池组链路断开并切断电流。一个电池组的性能是取决于电池组里最差的那块电池的性能。

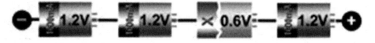

图 3-5　电池串联

1. 并联

为了得到更多的电量，可以把两个或者更多个电池并联起来。除了把电池并联起来，另一个办法是使用尺寸更大的电池。由于受到可以选用的电池的限制，这个办法并不适用于所有情况。此外，大尺寸的电池也不适合做成专用电池所需要的外形规格。大部分的化学电池都可以并联使用，而锂离子电池最适合并联使用。由四节电池并联而成的电池组，电压保持为 1.2 V，而电流和运行时间则增大到四倍。

电池组的实例与电池串联相比，在电池并联电路中，高阻抗或"开路"电池的影响较小，但是并联电池组会减少负载能力，并缩短运行时间。这就好比一个发动机只启动了三个汽缸。电路短路所造成的破坏会更大，这是因为在短路时，出现故障的电池会迅速地耗尽其他电池里的电量，并引起火灾，如图 3-6 所示。

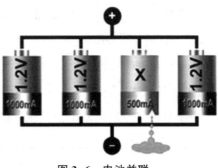

图 3-6 电池并联

2. 串并联

使用串并联这种连接方法时，在设计上很灵活，可以用标准的电池尺寸达到所需要的额定电压和电流，如图 3-7 所示。

注意事项：

总功率不会因为电池的不同连接方法而改变。功率等于电压乘电流。

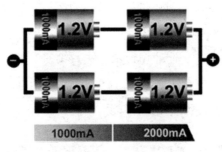

图 3-7 电池串并联

对锂离子电池而言，串并联的连接方法很常见。最常用的一种电池组是

18650（直径为 18 mm，长度为 650 mm）。它带有保护电路，能够监视串联在一起的每一节电池，因此它的最大实际电压为 14.4 V。这个保护电路也可以用于监视并联在一起的每一节电池的状态。

3. 家用电池

前文所谈到的电池串联和并联的连接方法，针对的是可充电电池组，这些电池组里的电池都是永久性地焊接在一起的。除了把几个电池装进安装电池的电池室、串联起来之外，上述那些规则也适用于家用电池。在把几个电池串联起来使用时，必须遵照以下基本要求。

（1）保持电池的连接点的洁净。把四节电池串联起来使用时，共有八个连接点（电池到电池室的连接点，电池室到下一节电池的连接点）。每个连接点都存在一定的电阻，如果增加连接点，有可能会影响整个电池组的性能。

（2）不要混用电池。当电池的电量不足时，应更换所有的电池。在电池串联使用时，要使用同一种类型的电池。

（3）不要对不可充电型电池进行充电。因为在对不可充电池进行充电时，会产生氢，有可能会引起爆炸。

（4）要注意电池的极性。如果有一节电池的极性装反了，就会减少整串电池的电压，而不是增加电压。

（5）把已经完全放完电的电池从暂停使用的设备中取出。旧电池比较容易出现泄漏和腐蚀的情况。而碱性电池相对于碳锌电池而言，问题就不那么严重。

（6）不要把电池都放在一个盒子里，那样可能会出现短路。电池短路会导致发热，并引发火灾。请把废弃的电池放在小塑料袋里，并与外界绝缘。

（7）类似于碱性电池的原电池组可以扔进普通的垃圾桶内。但是最好是把用完了的电池送去再生循环处理。

三、蓄电池的并联和串联

蓄电池是在串联和并联的条件下使用，串联使用是最常见的一种方法。但在许多条件下，电池组常常需要用并联的方法扩展容量和可靠性。电池在并联使用时，有许多在串联状态下不存在的特殊问题，这些问题往往被忽视了，造成一些非使用性损坏的情况发生。

电池并联使用故障多发生在一些场合下，这主要是由于设计和使用人员不了解铅电池性能所采用的错误做法，有时也是由于特殊工作条件的要求，不得已而采取的方法。

现在分析并联电池在使用中出现的一些特殊问题。两组电池在并联状态下工作。在放电时：$i = iA + iB$。在充电时，$I = IA + IB$。如能保证：$iA = iB$、$IA = IB$，这个非联电池组工作状态是正常的。但这只是理想状态，在实际工作中，$iA \neq iB$、$IA \neq IB$，A、B 两个电池组串联的单节数越多，A、B 之间充放电的电流差值就越大。假设两个汽车电池，都是 6 个单格，虽然标称电压都是 12V，但是实际电压值却不一样。这是由于电池中电液密度不一致和连接的电阻不一致造成的。即使新电池启用时注入的酸是同密度的，但在后来的使用中也会因种种原因造成差异。当把两节电池并联之后，电压高的电池会向另一个低电压电池"充电"，其电流大小可用电流表测得。这种充电有时竟长达 24 小时之久。在电压相差较多时，并联电池的瞬间会看到明显的火花。这样的电池配合使用，起动发动机时看不出有什么问题，但当转入充电工况时，两个电池各自得到的充电电流却是不一样的。由于铅电池内阻很小，所以两组电池内部性能略有差异，会使整个电池组的充电结果表现出明显不同。电压较高的电池得到的充电电流小，电压较低的电池得到的电流大；得到电流大的电池温升高，温升高导致电解液密度下降，密度降低又导致电池组端电压低，这是一个恶性循环。这种破坏是以加速度方式进行的。如果电池内部没有损坏，调节两节电池中电液的密度使其一致，可减缓这种恶性循环。如果两组电池中有某个损坏，由于端电压偏低太多，充电电流全部从该级电池中流过，不但该组 12 V 电池报废，另一组也会因长期得不到补充电而加速硫化。当新旧程度不同的电池并联使用时，这种损坏尤为明显。因此，将电池的并联工况改为串联工况，电池的使用寿命至少会延长三分之一。

合理的并联方式有时没有合适的大容量电池供使用，或由于安装尺寸所限，只能采用小容量电池并联 使用。这时应按图 3-6 所示方式并联，这种方式能使并联副作用降到最低程度。图 3-6 中蓄电池的合理并联结构在通信蓄电池使用中，由于考虑到可靠性的需要，大量采用电池组并联的结构。由于每组电池中没有电流表，所以用户不能发现电池组在充电状态的不均衡程度。在一组电池中，一旦有 1~2 个落后电池，该组电池的充入电量就会减少，甚至就得不到充电。这种不均衡状态是绝对的，而且不均衡程度是加速度发展的。电池的扩容应采用先并联、再串联的结构，不能采用现在流行的先串联、再并联的结构。这个问题自从在 2006 年蓄电池年会上提出后，有的电池厂已经采用这种配组结构。原来的结构是把两组蓄电池分开安装，上下两层串联后分别引入控制柜，如图3-7上部所示。现在是把两组蓄电池并列安装，如图 3-7 下部所示。在相同电位处并联几条均压线，大幅度压缩不均衡性所带来的负面影响。图 3-7 基站电池组的并联结构带来的结构性故障，长期没有表现出来，是由于通信电源使用的电池，99%以上的时间是处于"待用状态"，而不是处于充放电循环的使用状态。加之每个支路没有电流表检测实际电流，这样不合理状态往往就被隐藏起来了。

大于 1000 Ah 的电池，实际通常是由 4 个电池并联组合的。为了避免连带损失，建议直接采用 1000 Ah 的单体并联，也更为直观。支路电流表不能采用现有的电流表，因为电池的供电电流值大小和浮充电流值相差会有 100 倍，如果按大电流选用分流器，在小电流状态下精度就难以保障。现在基站控制柜上使用的分流器规格是 600 A，显然，当浮充电流是 1 A 左右时，显示值就难以保障精度。

电池互换的技术标准在现行的技术标准中，规定不同厂家、不同批次、不同使用年度的电池，不能互换。由于没有互换的技术要求，所以不同厂家的相同容量电池，外部几何尺寸不同，极柱位置和联接方式也不同，现在不能互换。在串联组合中，电池组的有效容量是受最低单节容量电池制约的。而电池的损坏不会出现整组一起失效的情况，总是处于损坏有先有后的不均衡状态，所以在维护工作中用合格电池替换失效电池是一项必需的工作。这就要求电池的备品替换要有标准。如果按照现行的标准，实际操作中电池是没有互换性的，因为要找到同一厂家、同一规格、同一批次的备品电池，在实际具体操作是做不到的。电池组的结构容量相同的电池即是组合时的保有容量不同，使用中也会逐步趋于一致。所以互换的原则是结构容量相同，这是充分且必要的唯一条件。蓄电池组充放电工作时，相同结构容量的电池保有容量基本相同，这个特性不会因不同电池厂家的产品而异。

第二节　变流器装配

一、风电机组变流器系统接线图识读知识

（一）1.5MW 变流器内部接线规范要求

1.5MW 变流器内部接线技术要求及工艺步骤如下所示。

（1）在塔筒吊装前需将变流柜组装完毕，每种电缆使用位置见随货附件外包装，所有外接螺栓都配置在接点孔处。

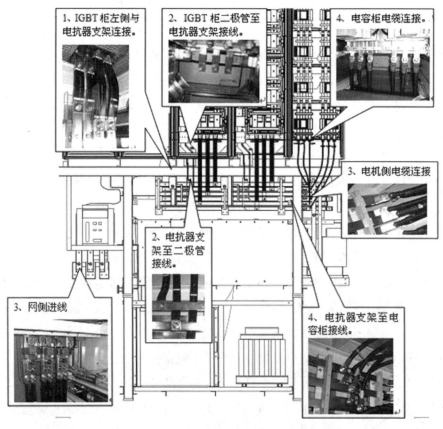

图 3-8　电抗器接线

（2）电缆、铜排接点全部都有接点标识，在电缆和铜排的端部，相应电缆、软母带与相应的铜排接点标识对应。

（3）IGBT 柜 1 与电抗器支架连接电缆数量。

①左侧铜排为 5—40×10 软母带。

②二极管交流侧铜排为 3—40×10 软母带。

③二极管正极电缆为 3—1×150 mm^2。

④电容柜与电抗器支架连接电缆为 1×150 mm^2。

⑤IGBT 柜 1、电抗器支架与制动电阻电缆连接为 1×70 mm^2 电缆。

⑥电抗器现场接线效果见图 3-8 所示。

（二）2.5MW 变流器接线

变流柜至变压器控制柜的电缆接线对照表，见表 3-1。

表 3-1　变流柜至变压器控制柜电缆对照表

序号	电缆名称	规格	电缆标号	缆芯颜色或线号	接线端口	
					1#变流柜侧	变压器控制柜侧
1	1#变流柜侧至变压器控制柜（690VAC）	3×25 mm^2	1W3	棕	L1	1Q3：2
				蓝	L2	1Q3：4
				黑	L3	1Q3：6

主控柜到 1#变流柜电缆连接，从主控柜 LVD 站的 DP 端子引出经过柜体下部 PG 口穿出，至 1 号变流柜上部，从变流柜上部的 PG 口穿入，至控制柜内沿柜内电缆槽排布至 5U3 模块，按照表 3-2 所示接线。

图 3-9　变流柜内 DP 电缆位置

表3-2　主控柜至变流柜DP通信电缆对照表

序号	电缆名称	规 格	长度（m）	缆芯颜色或线号	接线端口	
1	主控柜至1#变流柜（DP通讯电缆）	DP电缆		绿	5U3：B1	17CX3：B2
				红	5U3：A1	17CX3：A2
				屏蔽层	PE	PE

1#水冷柜与其他柜体之间的电缆连接，1#水冷柜与主控柜之间有5×6 mm² 动力线、4×1.5 mm² 控制电缆和网线连接。1#水冷柜还给1#变流柜提供230VAC的UPS电源，按照表3-3所要求接线。

表3-3　1#水冷柜至其它柜体电缆对照表

序号	电缆名称	规 格	长度（m）	电缆标号	缆芯颜色或线号	接线端口	
						水冷柜侧	变流柜侧
1	1#水冷柜至1#变流柜（230VUPS电源）	3×1.5 mm²			1	XS152.1.1	XAB：1
					2	XS152.1.2	XAB：2
					3	PE	PE
2	1#水冷柜至主控柜	网线	5 m			1#水冷柜侧 XS162.1	主控柜侧 18XS1

2#水冷柜与其他柜体之间的电缆连接，2#水冷柜与主控柜之间有5×6 mm² 动力线、4×1.5 mm² 控制电缆。2#水冷柜还给2#变流柜提供230VAC的UPS电源，按照表3-4、表3-5的要求接线。

表3-4　2#水冷柜至其它柜体电缆对照表

序号	电缆名称	规 格	长度（m）	电缆标号	缆芯颜色或线号	接线端口	
						水冷柜侧	变流柜侧
1	2#水冷柜至2#变流柜（230V UPS电源）	3×1.5 mm²			1	XS152.1.1	XAB：1
					2	XS152.1.2	XAB：2
					3	PE	PE

续表

序号	电缆名称	规格	长度（m）	电缆标号	缆芯颜色或线号	接线端口	
						水冷柜侧	变流柜侧
2	1#水冷柜至2#水冷柜	网线	10 m			2#水冷柜 XS162.1	1#水冷柜 XS162.2

变流柜与其他柜体之间的电缆连接，控制电缆连接器位于变流柜柜体上部区域，见图3-10，控制电缆的连接按照表3-4、表3-5接线。

图 3-10 变流柜控制电缆连接器

表 3-5 1#变流柜至 2#变流柜之间电缆对照表

序号	电缆名称	规格	长度（m）	电缆标号	缆芯颜色或线号	接线端口	
						1#变流柜侧	2#变流柜侧
1	1#变流柜到 2#变流柜信号线	7×1.5 mm²		18W3	1	XAE：1	XAE：1
					2	XAE：2	XAE：2
					3	XAE：3	XAE：3
					4	XAE：4	XAE：4
					5	XAE：5	XAE：5
					6	XAE：6	XAE：6
					屏蔽层	PE	PE

注：放电缆时要看清楚连接器上的标识，不要出现电缆两头连接器颠倒了，检查连接器内的银针是否有松动和退针的现象，必要时将连接器拆开调整或者重新制作，变流柜上电缆排布要远离制动电阻和 du/dt 等设备。

（三）变流柜 185 mm² 电缆接线

变流柜 185 mm² 的电缆接线技术要求及工艺步骤如下所示。

（1）在制作电缆时避免异物掉落到设备中造成短路等故障，做好对设备上连接器的保护，在制作前要检查电缆相序是否正确。

（2）将绕组 1 的 12 根 185 mm² 电缆，从 1 号 du/dt 下部母排接口引出，沿电缆桥架排布至 1 号变流柜，绕组 2 的 12 根 185 mm² 电缆，从 2 号 du/dt 下部母排接口引出，沿电缆桥架排布至 2 号变流柜，长度确定好后将多余电缆剪断。

（3）在制作电缆线鼻子时不得伤害内部铜丝，压接线鼻子时要从内向外压接，避免线鼻子内出现气堵现象。压接完成后，要用锉刀或者磨光机将棱角打磨平整，使用防水绝缘胶带和 PVC 绝缘胶带防护，再用热缩管进行防护，确保电缆头部的绝缘符合要求，做好电缆端头防护和相序标识，用力矩扳手验证螺栓力矩是否符合要求，在螺栓上做好防松标识，如图 3-11 所示。

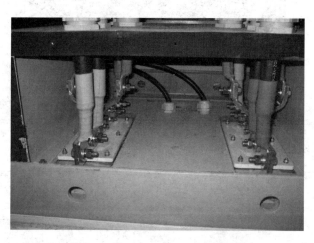

图 3-11 变流柜 185 mm² 电缆接线

（4）变流柜上制动电阻安装，在吊装变流柜之前，先将制动电阻安装到变流柜上部，制动电阻安装在变流柜网侧柜上部，将从柜内引出的 2 根短的电缆，接到制动电阻内 Ra 端子上，再将 2 根长的电缆接到制动电阻内的 Rb 端子上，如图3-12所示。

图 3-12 制动电阻接线

（四）材料清单

变流柜内接线材料清单，见表 3-6。

表 3-6 变流柜内接线材料清单

序号	材料名称	规格	单位	备注
1	铜镀锡电缆接线鼻子	DT-185 mm^2-ϕ12	个	机舱开关柜内用量
2	防水绝缘胶带	—	卷	机舱开关柜内用量
3	PVC 绝缘胶带	—	卷	机舱开关柜内用量
4	热缩套（黄、绿、红）	ϕ40 Un≥1500 V，阻燃	m	每根用量 150 mm
5	尼龙扎带（黑色）	530×9	根	电缆桥架上固定 185 电缆使用

（五）工具清单

变流柜接线所需工具，见表 3-7。

表 3-7 变流柜接线工具清单

序号	工具名称	规格	单位
1	断线钳	—	把
2	压线钳	—	把

续表

序号	工具名称	规格	单位
3	热风枪	—	把
4	磨光机	—	把
5	万用表	—	块
6	开口扳手	18 mm	把

注：在制作前后要检查相序是否有误，检查螺栓力矩防松标识是否完成，如果有异物掉落到柜内一定要取出，不能隐瞒以免造成更大的损失。

二、定子和转子电压信号线路与变流器接线的方法

（一）发电机开关柜接线

发电机开关柜的接线技术要求及工艺步骤如下所示。

（1）发电机进出电缆接线，约定在发电机机舱内，操作人员面向发电机方向站立，左手边定为开关柜柜一，右手边定为开关柜柜二，如图3-13所示。发电机定子绕组出线共14根1×185 mm² 电缆（见图3-14），分为4组每组三根由U相、V相、W相组成，还有两根中性线（见表3-8和表3-9），从左至右分别为第一组、第二组、第三组和第四组，将第一和第三组定为绕组一接入开关柜一进线母排上，第二和第四组定为绕组二接入开关柜二进线母排上。在发电机侧要给绕组留一定余量，要求弧度一致美观。

图3-13　机舱发电机开关柜

图3-14　发电机 185 mm² 电缆

（2）接线前须先将叶轮锁定好，并对发电机绕组内的余压进行对地放电处

理。在接线前，通过对发电机绕组相序的检查来区分发电机绕组一和绕组二，避免绕组间相互混淆，确保无误后再制作电缆接头。

（3）将发电机 14 根引出 1×185 mm^2 电缆分别固定在电缆托架上，在发电机侧预留电缆弧度，至开关柜母排位置后将多余的电缆裁断，在裁电缆前做好标识，如图 3-15 所示。按照相序接入发电机开关柜进线端母排上，柜内电缆接线对照表 3-8 所示，2 根中性线电缆不用接入开关柜内，固定在桥架上即可，在端部位置用防护套管做好防护固定与托架上即可，如图 3-16 所示。

图 3-15 机舱电缆桥架

图 3-16 桥架电缆排布

（4）在剥电缆外层绝缘时使用美工刀时要注意，不得损伤电缆内铜丝，电缆铜丝不要有松散现象。在压接电缆接线鼻子时要注意，压接时要从前往后压接，避免铜管内出现气堵现象。使用压接钳时应压接三道，对压接出现的棱角要使用磨光机或者锉刀打磨处理。

（5）对电缆接线鼻子的防护，先使用防水绝缘胶带缠绕一层防护（主要是防止潮气进入），再使用 PVC 胶带缠绕一层防护（增加绝缘防护），防护层要平整紧密，使用黄、绿、红三色热缩套对应各个相序（一方面是增加绝缘防护，另一方面是区分相序），185 mm^2 电缆使用 $\phi40$ 热缩套防护，每根所需长度为 100 mm。

（6）在接线前将开关柜盖板拆下，将螺栓收好避免丢失，接线完成后恢复开关柜盖板。开关柜内螺栓的检查，用力矩扳手对母排上螺栓力矩校验，用记号笔对螺栓做防松标识。

（7）在每根电缆上距离开关柜出口 500 mm 处安装电缆标记套，发电机至开关柜 12 根 185 mm² 电缆接线端口和标号如表 3-8 所示；开关柜至变流柜 18 根 185 mm² 电缆接线端口和标号如表 3-9 所示。

（8）洛克塞克密封夹块的安装，开关柜 185 mm² 出线经过柜体中部的电缆穿线槽至塔筒，电缆穿线槽使用电缆密封夹块固定电缆。密封夹块分为两种规格，一种是 40×40 规格用于 185 mm² 电缆固定密封，一种是 40×20 规格用于控制电缆的密封固定，其次还有锁紧块、挡板和润滑脂，如图 3-17、图 3-18 所示，安装时锁紧夹块从下往上穿，将螺栓向下，使用效果如图 3-19、3-20 所示。

（9）按照电缆的外径将橡胶块内剥落层去掉，再用镀锌隔板掭入方孔内，最后把楔形涨紧块塞入方孔，以 13 号套筒扳手旋紧至拧不动为止（将楔形涨紧块螺杆向下）。在安装时可以涂抹一些润滑剂方便安装，润滑脂只能涂抹在密封块的两侧，减少夹块和槽壁的摩擦，其它地方不需要涂抹。

图 3-17　电缆密封夹块

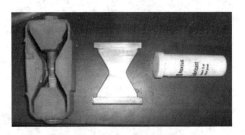

图 3-18　密封夹块辅材

图 3-19　舱密封夹块安装效果图

图 3-20　机舱密封夹块安装效果图

表 3-8　发电机开关柜 185 mm² 电缆接线端子对照表

序号	电缆名称	规格	电缆标号	接线端口	
				开关柜侧	发电机侧
1	发电机定子绕组动力电缆（第一组）	自带电缆1×185 mm²	U	柜 1-U 相	左侧 1 组
			V	柜 1-V 相	
			W	柜 1-W 相	
2	发电机定子绕组动力电缆（第二组）	自带电缆1×185 mm²	U	柜 2-U 相	左侧 2 组
			V	柜 2-V 相	
			W	柜 2-W 相	
			N	／	
3	发电机定子绕组动力电缆（第三组）	自带电缆1×185 mm²	U	柜 1-U 相	右侧 3 组
			V	柜 1-V 相	
			W	柜 1-W 相	
			N	／	
4	发电机定子绕组动力电缆（第四组）	自带电缆1×185 mm²	U	柜 2-U 相	右侧 4 组
			V	柜 2-V 相	
			W	柜 2-W 相	

表 3-9　开关柜至变流柜 185 mm² 电缆接线端子对照表

序号	电缆名称	规 格	接线端口	
			发电机开关柜侧	变流柜侧
1	发电机动力电缆（1U1）	1×185 mm²	发电机开关柜 1 侧 U 相母排	1 号变流柜 U
2	发电机动力电缆（1V1）	1×185 mm²	发电机开关柜 1 侧 V 相母排	1 号变流柜 V
3	发电机动力电缆（1W1）	1×185 mm²	发电机开关柜 1 侧 W 相母排	1 号变流柜 W
4	发电机动力电缆（1U2）	1×185 mm²	发电机开关柜 1 侧 U 相母排	1 号变流柜 U
5	发电机动力电缆（1V2）	1×185 mm²	发电机开关柜 1 侧 V 相母排	1 号变流柜 V
6	发电机动力电缆（1W2）	1×185 mm²	发电机开关柜 1 侧 W 相母排	1 号变流柜 W
7	发电机动力电缆（1U3）	1×185 mm²	发电机开关柜 1 侧 U 相母排	1 号变流柜 U
8	发电机动力电缆（1V3）	1×185 mm²	发电机开关柜 1 侧 V 相母排	1 号变流柜 V

续表

序号	电缆名称	规 格	接线端口	
			发电机开关柜侧	变流柜侧
9	发电机动力电缆（1W3）	1×185 mm²	发电机开关柜 1 侧 W 相母排	1 号变流柜 W
10	发电机动力电缆（2U1）	1×185 mm²	发电机开关柜 2 侧 U 相母排	2 号变流柜 U
11	发电机动力电缆（2V1）	1×185 mm²	发电机开关柜 2 侧 V 相母排	2 号变流柜 V
12	发电机动力电缆（2W1）	1×185 mm²	发电机开关柜 2 侧 W 相母排	2 号变流柜 W
13	发电机动力电缆（2U2）	1×185 mm²	发电机开关柜 2 侧 U 相母排	2 号变流柜 U
14	发电机动力电缆（2V2）	1×185 mm²	发电机开关柜 2 侧 V 相母排	2 号变流柜 V
15	发电机动力电缆（2W2）	1×185 mm²	发电机开关柜 2 侧 W 相母排	2 号变流柜 W
16	发电机动力电缆（2U3）	1×185 mm²	发电机开关柜 2 侧 U 相母排	2 号变流柜 U
17	发电机动力电缆（2V3）	1×185 mm²	发电机开关柜 2 侧 V 相母排	2 号变流柜 V
18	发电机动力电缆（2W3）	1×185 mm²	发电机开关柜 2 侧 W 相母排	2 号变流柜 W

材料清单，见表 3-10。

表 3-10 发电机开关柜接线材料清单

序号	材料名称	规 格	单位	备注
1	铜镀锡电缆接线鼻子	DT-185 mm²-ϕ12	个	发电机至机舱开关柜内用量
2	铜镀锡电缆接线鼻子	DT-185 mm²-ϕ12	个	机舱开关柜至变流柜内用量
3	防水绝缘胶带	—	卷	机舱开关柜内用量
4	PVC 绝缘胶带	—	卷	机舱开关柜内用量
5	热缩套（黄色）	$\phi\,40\ U_n \geq 1500\ V$，阻燃	m	每根用量 100 mm
6	热缩套（绿色）	$\phi\,40\ U_n \geq 1500\ V$，阻燃	m	每根用量 100 mm
7	热缩套（红色）	$\phi\,40\ U_n \geq 1500\ V$，阻燃	m	每根用量 100 mm

工具清单，见表 3-11。

表 3-11 发电机开关柜接线工具清单

序号	工具名称	规 格	单位	备注
1	断缆钳	—	把	裁剪 185 mm 电缆使用

续表

序号	工具名称	规格	单位	备注
2	液压压线钳	—	套	压接电缆接线端子使用
3	磨光机（或者锉刀）	—	把	处理电缆
4	美工刀	—	把	
5	热风枪	—	把	
6	开口扳手	18 mm	把	紧固电缆螺栓
7	开口扳手	19 mm	把	紧固电缆螺栓
8	棘轮扳手	—	把	
9	套筒	ϕ 13	把	
10	力矩扳手	100 N.m	把	检查螺栓紧固力矩
11	斜口钳	—	把	
12	万用表	—	把	检查电缆使用
13	记号笔	油性	把	螺栓防松标识使用

注：在施工前要对安装方做技术沟通工作，在施工中要严格要求、认真仔细，对电缆接线端子的压接要进行检查。检查电缆端头的压接情况，用力拔是否有松动现象，电缆铜丝是否有损伤外露现象，绝缘防护是否按照安装工艺中要求完成的，开关柜内母排螺栓力矩是否符合要求，以及是否做了防松标识。开关柜内要保证清洁，不得有杂质和工具遗留在里面。完成后，要恢复开关柜盖板，螺栓不得有遗漏。在施工时，应检查工作中是否有不规范的地方。

 思考题：

1. 什么是输出阻抗？

2. 集总参数阻抗的测量方法有哪些？

3. 如果想增大电池组的容量，应采用什么方法连接电池？

4. 蓄电池充满电后不用，可以长期储存，这样说对吗？

5. 想一想变流器在风电机组运行中的作用。

第四章　偏航变桨系统装配

学习目的：

1. 传感器接线方法。

2. 风速风向仪加热装置组成及接线方法。

3. 风电机组雷电保护装置组成、工作原理及安装方法。

4. 风电机组变桨系统通过滑环与机舱控制系统连接方法。

第一节　偏航系统装配

一、传感器接线方法

(一) 接近开关

接近开关是一种无须与运动部件进行机械直接接触而可以操作的位置开关。当物体接近开关的感应面到动作距离时，它不需要机械接触及施加任何压力即可使开关动作，从而驱动直流电器或给计算机（plc）装置提供控制指令。接近开关是种开关型传感器（即无触点开关），它既有行程开关和微动开关的特性，又具有传感性能它具有动作可靠、性能稳定、频率响应快、应用寿命长、抗干扰能力强，以及防水、防震和耐腐蚀等特点。接近开关的产品有电感式、电容式、霍尔式、交流型和直流型。

接近开关又称无触点接近开关，是理想的电子开关量传感器。当金属检测体接近开关的感应区域，开关就能无接触、无压力、无火花、迅速发出电气指令，准确反应出运动机构的位置和行程。即使将其用于一般的行程控制，其定位精度、操作频率、使用寿命，以及安装调整的方便性和对恶劣环境的适用能力，都是一般机械式行程开关所不能相比的。它广泛地应用于机床、冶金、化工、轻纺和印刷等行业。在自动控制系统中，接近开关可作为限位、计数、定位控制和自动保护环节等。

在各类开关中，有一种对接近它物件有"感知"能力的元件——位移传感器。利用位移传感器对接近物体的敏感特性达到控制开关接通或断开的目的，这就是接近开关，见图4-1。

图 4-1　接近开关

当有物体移向接近开关，并接近到一定距离时，位移传感器才有"感知"，开关才会动作。通常把这个距离叫"检出距离"，但不同的接近开关检出距离也不同。

图 4-2　电感式接近开关

有时被检测验物体是按一定的时间间隔，一个接一个地移向接近开关，又一个一个地离开，这样不断地重复。不同的接近开关，对检测对象的响应能力是不同的。这种响应特性被称为"响应频率"，见图4-2。

因为位移传感器可以根据不同的原理和不同的方法做成，而不同的位移传感器对物体的"感知"方法也不同，所以常见的接近开关有以下几种。

（1）无源接近开关。这种开关不需要电源，而是通过磁力感应控制开关的闭合状态。当磁或者铁质触发器靠近开关磁场时，接近开关在内部磁力作用控制下闭合。其特点是：不需要电源，非接触式，免维护，环保。

（2）涡流式接近开关。这种开关有时也叫电感式接近开关。它是利用导电物体在接近这个能产生电磁场的接近开关时，使物体内部产生涡流。这个涡流反作用到接近开关，使开关内部电路参数发生变化，由此识别出有无导电物体移近，进而控制开关的接通或断开。这种接近开关所能检测的物体必须是导电体。

①原理。由电感线圈和电容及晶体管组成振荡器，并产生一个交变磁场，当有金属物体接近这一磁场时就会在金属物体内产生涡流，从而导致振荡停止，这种变化被后极放大处理后转换成晶体管开关信号输出。

②特点。抗干扰性能好，开关频率高，大于200 HZ；只能感应金属。

③功效。应用在各种机械设备上作位置检测、计数信号拾取等（见图4-3）。

图4-3　涡流式接近开关

（3）电容式接近开关。这种开关的测量通常是构成电容器的一个极板，而另一个极板是开关的外壳。这个外壳在测量过程中通常是接地或与设备的机壳相连接。当有物体移向接近开关时，不论它是否为导体，由于它的接近，总要使电容的介电常数发生变化，从而使电容量发生变化，使得和测量头相连的电路状态也随之发生变化，由此便可控制开关的接通或断开。这种接近开关检测的对象，不限于导体，可以是绝缘的液体或粉状物等。

（4）霍尔接近开关。霍尔元件是一种磁敏元件。利用霍尔元件做成的开关，叫做霍尔开关。当磁性物件移近霍尔开关时，开关检测面上的霍尔元件因产生霍尔效应而使开关内部电路状态发生变化，由此识别附近有磁性物体存在，进而控制开关的接通或断开。这种接近开关的检测对象必须是磁性物体。

（5）光电式接近开关。利用光电效应做成的开关叫光电开关。将发光器件与光电器件按一定方向装在同一个检测头内。当有反光面（被检测物体）接近时，光电器件接收到反射光后便有信号输出，由此便可"感知"有物体接近。

（6）其他型式。当观察者或系统对波源的距离发生改变时，接近到的波的频率就会发生偏移，这种现象称为多普勒效应。声纳和雷达就是利用这个效应的原理制成的。利用多普勒效应可制成超声波接近开关、微波接近开关等。当有物体移近时，接近开关接收到的反射信号会产生多普勒频移，由此可以识别出有无物体接近。

1. 主要功能

（1）检验距离。检测电梯和升降设备的停止、启动和通过位置；检测车辆的位置，防止两物体相撞检测；检测工作机械的设定位置，移动机器或部件的极限位置；检测回转体的停止位置，阀门的开或关位置。

（2）尺寸控制。金属板冲剪的尺寸控制装置；自动选择、鉴别金属件长度；检测自动装卸时堆物的高度；检测物品的长、宽、高和体积。检测物体存在有否检测生产包装线上有无产品包装箱；检测有无产品零件。

（3）转速与速度控制。控制传送带的速度；控制旋转机械的转速；与各种脉冲发生器一起控制转速和转数。

（4）计数及控制。检测生产线上流过的产品数；高速旋转轴或盘的转数计量；零部件计数。

（5）检测异常。检测瓶盖有无；产品合格与不合格判断；检测包装盒内的金属制品是否缺乏；区分金属与非金属零件；产品有无标牌检测；起重机危险区报警；安全扶梯自动启停。

（6）计量控制。产品或零件的自动计量；检测计量器、仪表的指针范围从而控制数或流量；检测浮标控制测面高度、流量；检测不锈钢桶中的铁浮标；仪表量程上限或下限的控制；流量控制；水平面控制。

（7）识别对象。根据载体上的码识别是与非。

（8）信息传送。ASI（总线）连接设备上各个位置上的传感器在生产线（50 m~100 m）中的数据往返传送等。

2. 结构形式

接近开关按其外型形状可分为圆柱型、方型、沟型、穿孔（贯通）型和分离型。圆柱形比方型安装方便，但其检测特性相同。沟型的检测部位是在槽内侧，用于检测通过槽内的物体。贯通型在我国很少生产，而在日本则应用得较为普遍，可用于小螺钉或滚珠之类的小零件和浮标组装成水位检测装置等。

（1）接近开关接线图。接近开关有两线制和三线制两种，三线制接近开关又分为 NPN 型和 PNP 型，它们的接线是不同的。接近开关的接线方法如下所示。

①两线制接近开关的接线比较简单，接近开关与负载串联后接到电源即可。

②三线制接近开关的接线。红（棕）线接电源正端；蓝线接电源 0V 端；黄（黑）线为信号，应接负载。负载的另一端，对于 NPN 型接近开关，应接到电源正端；对于 PNP 型接近开关，则应接到电源 0V 端。

③接近开关的负载可以是信号灯、继电器线圈或可编程控制器 PLC 的数字量输入模块。

④需要特别注意，接到 PLC 数字输入模块的三线制接近开关的型式选择。PLC 数字量输入模块一般可分为两类：一类的公共输入端为电源 0V，电流从输入模块流出（日本模式），此时一定要选用 NPN 型接近开关；另一类的公共输入端为电源正端，电流流入输入模块，即阱式输入（欧洲模式），此时一定要选用 PNP 型接近开关。

⑤两线制接近开关受工作条件的限制，导通时开关本身产生一定压降，截止时又有一定的剩余电流流过，选用时应予考虑。三线制接近开关虽多了一根线，但不受剩余电流之类不利因素的干扰，工作更为可靠。

⑥有的厂商将接近开关的"常开"和"常闭"信号同时引出，或增加其他功能，遇到此种情况，请按产品说明书具体接线。

（2）槽型光电开关接线。光电开关内的二极管是发光二极管，输出则是光敏三极管，C 就是集电极，E 则是发射极。一般三极管作开关使用时，通常都用集电极作输出端。槽型光电开关的接线方法如下所示。

①一般接法。二极管为输入端，E 接地，C 接负载，负载的另一端需要接正电源。这种接法适用范围比较广。

②特殊接法。二极管为输入端，C 接电源正，E 接负载，负载的另一端需要接地。这种接法只适用于负载等效电阻很小的时候（几十欧姆以内），如果负载等效电阻比较大，可能会引起开关三极管工作点不正常，导致开关工作不可靠。

3. 主要用途

接近开关在航空、航天技术和工业生产中都有广泛的应用。在日常生活中，如宾馆、饭店和车库的自动门，自动热风机上都有应用。在安全防盗方面，如资料档案、财会、金融、博物馆和金库等重地，通常都装有由各种接近开关组成的防盗装置。在测量技术中，如长度、位置的测量；在控制技术中，如位移、速度和加速度的测量和控制，也都使用大量的接近开关。

4. 选型

对于不同材质的检测体和不同的检测距离，应选用不同类型的接近开关，以使其在系统中具有较高的性价比，为此在选型中应遵循以下原则。

（1）当检测体为金属材料时，应选用高频振荡型接近开关。该类型接近开关对铁镍、A3 钢类检测体检测最灵敏，而对铝、黄铜和不锈钢类检测体的灵敏度较低。

（2）当检测体为非金属材料时，如木材、纸张、塑料、玻璃和水等，应选用电容型接近开关。

（3）金属体和非金属要进行远距离检测和控制时，应选用光电型接近开关或超声波型接近开关。

（4）对于检测体为金属时，若检测灵敏度要求不高时，可选用价格低廉的磁性接近开关或霍尔式接近开关。

5. 检测

（1）动作距离测定。当动作片由正面靠近接近开关的感应面时，使接近开关动作的距离为接近开关的最大动作距离，测得的数据应在产品的参数范围内。

（2）释放距离的测定。当动作片由正面离开接近开关的感应面，开关由动作转为释放时，测定动作片离开感应面的最大距离。

（3）回差 H 的测定。最大动作距离和释放距离之差的绝对值。

（4）动作频率的测定。用调速电机带动胶木圆盘，在圆盘上固定若干钢片，调整开关感应面和动作片间的距离，约为开关动作距离的80%；转动圆盘，依次使动作片靠近接近开关，在圆盘主轴上装有测速装置，开关输出信号经整形，接至数字频率计。此时，启动电机，逐步提高转速。在转速与动作片的乘积与频率计数相等的条件下，可由频率计直接读出开关的动作频率。

（5）重复精度的测定。将动作片固定在量具上，由开关动作距离的120%以外，从开关感应面正面靠近开关的动作区，运动速度控制在 0.1 mm/s 上。当开关动作时，读出量具上的读数，然后退出动作区，使开关断开。如此重复 10 次，最后计算 10 次测量值的最大值和最小值与 10 次平均值之差，差值大者为重复精度误差。

（二）震动开关

震动开关，准确的名称应该称为震动传感器，也就是在感应震动力大小将感应结果传递到电路装置，并使电路启动工作的电子开关。还有人称为振动开关、滑动开关或晃动开关等，其实这些叫法并不完全正确。业内的叫法一般分为两大类，弹簧开关与滚珠开关。其实严格上来说，震动开关应该单纯指的是弹簧开关，并不包括滚珠开关。而滑动开关、晃动开关等名称，都应该指的是滚珠开关。为了方便起见，业内一般也就都统一将弹簧开关与滚珠开关两大类合称为震动开关了。震动开关主要应用于电子玩具、小家电、运动器材和各类防盗器等产品中。震动开关因为拥有灵活且灵敏的触发性，因此成为许多电子产品中不可或缺的电子元件。

从专业角度来分析，弹簧开关与滚珠开关这大类开关都有两个比较重要的指标特性：灵敏度和方向性。弹簧开关的灵敏大小的差异，此差异称为灵敏度。使用者会因为不同产品的需求，而选择不同感应震动力大小的震动开关。例如，一个玩具拿在手上轻微摇晃和一个球丢到地上或墙上，就会要求不同感应的弹簧开关来感应震动力与电子电路匹配。

方向性是指受力方向，而受力方向粗略分为上下左右前后等六面。一般的产品只有灵敏度的要求并没有方向性的要求，因此要首先了解使用者的产品的用途，才能建议使用者使用那种型号的弹簧开关。而滚珠开关与弹簧开关最大的区别在于：弹簧开关是感应震动力或离心力的大小，最好为直立使用。而滚珠开关是感应角度的变化，最好平铺使用。滚珠开关的灵敏度，就是感应角度大小，将感应结果传递到电路装置使电路启动。在实际装置中，会产生因不同的产品感应角度大小不同的差异，此差异称为灵敏度。使用者会因为不同产品的需求，而要求不同感应角度大小的滚珠开关来满足产品的灵敏度。例如，用手拿起一个杯子在轻微角度倾斜时，电路装置就必须使 IC 启动 LED 闪亮或发出声音。客户就会要求不同感应的滚珠开关来感应角度，与电子电路匹配。滚珠开关的方向性是指倾斜角度的方向，其方向粗略为左右两面。

如图 4-4、图 4-5 所示，震动开关分为弹簧类与滚珠类。

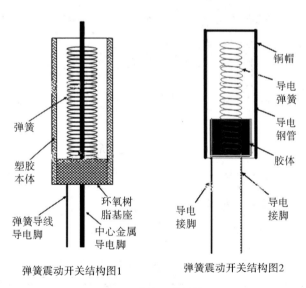

弹簧震动开关结构图1　　弹簧震动开关结构图2

图 4-4　弹簧开关结构图

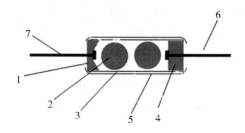

图 4-5　滚珠开关结构图

1—青铜盖；2—青铜珠子；3—青铜管；4—ABS 胶座或 PC 胶座；

5—VC 热缩套管；6—硬青铜导针；7—磷铜弹簧夹

下面对弹簧振动开关技术规格进行介绍。

1. 一般事项

（1）适用范围。小电流震动开关. 产品在水平左右晃动中产生电气变化的低电流回路（二次回路）用震动传感器。

（2）使用温度范围。5~70℃；C 湿度 85%以下。

（3）储存温度范围。15~45℃；C 湿度 80%以下储存 90 天。

（4）试验状态。试验及测试如无特别规定，在以下标准状态下进行。温度：5~35℃；C 相对湿度。45%~85%。

试验安装面的倾斜为 15℃；且不受其他震动力的影响，但对判断有异议时，按如下基本状态进行。试验温度：20±2℃；C 相对湿度：70%~80%。

2. 外观结构尺寸

（1）外观。各部位加工良好，不能出现影响功能的锈、裂纹、电镀剥落等现象。

（2）结构、尺寸。应根据具体图示规定。

（3）额定最大 VA 12VDC 2 mA（电阻负荷）。

（4）电气性能，见表 4-1。

表 4-1　弹簧振动开关电气性能测试表

项目	试验条件	判定基准
电压降	用 12 VDC，2 mA 测量（电阻负荷） 测量回路图	0. 2 VMAX（端子间阻抗在 10 Ω 以下

续表

项目	试验条件	判定基准
绝缘电阻	静止状态下金针垂直向上. 在端子间加上 100 VDC, 1 分钟±5 秒, 进行测量	100 MΩ/MIN
耐电压	静止状态下金针垂直向上. 在端子间加上 100 VDC, 1 分钟±5 秒, 进行测量	应无绝缘破坏
敏感度	如图在水平方向金色 pin 端, 予以 1 秒 25 度行程的上下 5 次周期性摆动。敏感度显示于向下 15 度位置时, LED 有闪光作用在（试验机行程中不能有震动或停顿现象）导通时间 T=10ms A =2 mA V=12 VDC	应在水平向下 15° 位置时, LED 有闪光作用, 应在水平向上 5 度位置时 OFF 状态行程中为不定数状态

（5）机械性能，见表 4-2。

表 4-2 弹簧振动开关机械性能参数表

项目	试验条件	判定基准
端子强度	向端子施加一个与端子成直线（180°）的 1kg 拉力 1 分钟, 但次数为每个端子 3 次	无端子脱落、破坏和端子破损, 但端子弯曲没有关系, 试验后应满足 4 项电气性能
紧固程度	采用正规的焊接方法将开关固定于电路板上	无松动现象
耐震性	采用正规的安装方法将其固定在试验产品上, 按如下条件进行试验试验后测试: 以自由落体方式, 从 50 厘米的高度向木板表面落下 3 次	无绝缘破坏 敏感度在（tem4-4）规定值内, 外观及构造无机械性异常
焊接性	按以下条件进行试验. 试验后确认: 1. 焊锡: 含锡量 63% 2. 烙铁温度: 230±10℃ 3. 焊接时间: 1~1.5 秒 4. 不能使用强碱、碱性的助焊剂（如焊油）	焊接锡面面积达 90% 以上锡覆盖 敏感度在（tem4-4）规定值内 外观及构造应无机械异常

（6）疲劳性能，见表 4-3。

表 4-3 疲劳性能参数表

项目	试验条件	判定基准
负荷寿命	用 DC12V2mA（电阻负荷）连续动作 100 000 周期（动作速度为 50~60 周期/分钟）	敏感度在（tem4-4）规定值内

注意事项：

（1）适用范围。小电流震动开关产品在水平左右晃动中产生电气变化的低电流回路（二次回路）用震动传感器。

（2）使用温度范围。5～70℃；C 湿度 85% 以下。

（3）储存温度范围。15～45℃；C 湿度 80% 以下 储存 90 天。

（4）试验状态。试验及测试如无特别规定，在温度为 5～35℃ 和 C 相对湿度为 45%～85% 的标准状态下进行。试验安装面的倾斜为 15℃，且不受其他震动力的影响。但对判断有异议时，按如下基本状态进行试验。温度：20±2℃；C 相对湿度：70%～80%。

（三）凸轮计数器

下面对几种常见的凸轮计数器进行详细的介绍。

1. 凸轮计数器综合指标对比

表 4-4 的内容为德国 TER、德国 B-COMMAND 和中国浙江贝良凸轮计数器的综合指标对比说明。

表 4-4　综合指标对比品牌

项目	浙江贝良	德国 TER	德国 B-COMMAND
安装方式	螺栓式固定；固定螺栓/螺母规格：M5；螺栓长度 20 mm	螺栓式固定；固定螺栓/螺母规格：M5；螺栓长度 20 mm	螺栓式固定；固定螺栓/螺母规格：M5；螺栓长度 20 mm
规格	32.5×W100×H118 mm	L132×W100×H118 mm	L132×W100×H118 mm
电源	24VDC	24VDC	24VDC
传动比	1：200	1：200	1：175
凸轮组微动开关配置	两只相同的点状微动开关，所有点状微动开关在同一水平转动轴上，并且传动比相同。每只微动开关含常开/常闭触点各一对；21、22 号接线端子为常闭触点；13、14 为号接线端子常开触点	两只相同的点状微动开关，所有点状微动开关在同一水平转动轴上，并且传动比相同每只微动开关含常开/常闭触点各一对；21、22 号接线端子为常闭触点；13、14 号为接线端子常开触点	两只相同的点状微动开关，所有点状微动开关在同一水平转动轴上，并且传动比相同；每只微动开关含常开/常闭触点各一对；1、2 号接线端子为常闭触点；3、4 号为接线端子常开触点

续表

项目	浙江贝良	德国 TER	德国 B-COMMAND
防护等级	IP65	IP65	IP66
工作环境温度	−30~70℃	−25~70℃	−40~80℃
其他环境特性	存储温度：−30~70℃	存储温度：−40~70℃	存储温度：−40~80℃
认证类别	CE	UL、CE	GL、UL、CE
寿命	1 000 000 h	1 000 000 次	3 000 000 次
行业知名度	2012 年在国内研发和生产的，目前在上海电气等风电整机厂商机组上有少量试用	国内外多家知名风电整机厂商的机组上批量使用多年，知名度较高	德国部分风电整机厂商机组使用
技术支持能力	中国制造商，在国内有完善的技术团队，技术支持效率高	中国代理商，国内有较强的技术支持服务，技术支持效率较高	国外代理商直销，国内无技术支持人员，技术沟通需要通过厂家国内采购人员中转到德国，技术支持效率很低
同类产品的通用性	安装方式相同；电位器可自行替换；电气接口相同。通用性较高	安装方式相同；电位器可自行替换；电气接口相同。通用性较高	安装方式相同；电位器可自行替换；电气接口相同。通用性基本满足要求
电位器	法国 Megatron；型号：P15P	德国 Vishay；型号：ECS78RBAU103	德国 novotechnik；型号：P4500
标准阻值	单圈 10 kΩ，连续旋转	单圈 10 kΩ，连续旋转	
总阻公差	±5%	±10%	±20%
独立线性公差	±0.25%	±1%or±2%	±0.075%
电气转角	355±5°	340±5°	350±2°
机械转角	360°	360°	360°
功耗（70℃）	4W	0.3W	0.42W
温漂	50 ppm/℃	±500−300 ppm/℃	5 ppm/℃
电位器使用寿命	3 000 000 转	5 000 000~10 000 000 转	1 000 000 转
电位器运行温度	−55~+125℃	−55~+125℃	−40~+100℃

续表

项目	浙江贝良	德国 TER	德国 B-COMMAND
小齿轮特性	模数：18；齿数：10；变位系数：0.5；齿轴间隙：大；材质：尼龙板材。	模数：18；齿数：10；变位系数：0.5；材质：尼龙板材。	模数：18；齿数：10；变位系数：0；材质：尼龙板材。
电位计接线端子	1（绿）、2（红）、3（黄）号端子	1（黄）、2（白）、3（棕）、4（绿）号端子	1（红）、2（红）、3（红）号端子；

2. 接线方式

浙江贝良凸轮计数器（型号：BLXW XZR-010-W2-Z10）与通曼凸轮计数器（型号：PF090302000108）的电位计接线方式不同，但与凸轮限位开关（扭缆开关）接线方式相同。B-command 凸轮计数器（型号：FRM02001G2-0001）与通曼 vishay 电位计的接线方式相同，但与凸轮限位开关接线方式不同。接线方式如图4-6、图4-7所示。凸轮计数器电位计的接法有所区别。其中，浙江贝良凸轮计数器电位计 Megatron 有3个接线端子，从左至右依次为1号端子接电源，2号端子接信号输出，3号端子接地，如图4-8所示。通曼凸轮计数器 vishay 电位计有四个接线端子，从左至右依次为1号端子接地，2号端子接信号输出，3号端子接电源，凸轮接线如图4-7所示。B-command 凸轮计数器电位计德国 novotechnik 有3个接线端子，从左至右1号端子接地，2号端子接信号输出，3号端子接电源，如图4-9所示。

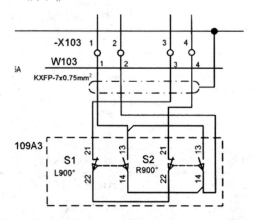

图4-6 浙江贝良凸轮计数器及通曼凸轮计数器凸轮接线图

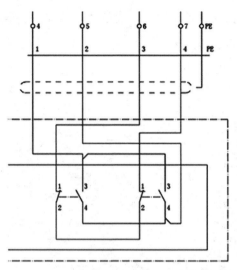

图 4-7 B-command 凸轮计数器电位计接线图

图 4-8 浙江贝良凸轮计数器电位计接线图

图 4-9 B-command 凸轮计数器电位计接线图

3. 接线验证方式

在凸轮计数器电位计接线之前，可以通过万用表来测试如何接线。测试时，凸轮计数器的齿轮放在远离身体一侧。针对浙江贝良凸轮计数器的电位计，红色表笔接绿色端子、黑色表笔接黄色端子，检查是否为总量程 10 KΩ；然后红色表笔接红色端子，黑色表笔接黄色端子，向左旋转齿轮。若阻值增加说明绿色端子应该接电源，红色端子应接信号输出，黄色端子应接地，否则电源与地要对换。B-command 凸轮计数器电位计测试方法相同，，红色表笔接 1 号端子、黑色表笔接 3 号端子，检查是否为总量程 10 KΩ；然后红色表笔接 2 号端子，黑色表笔接

3 号端子，向左旋转齿轮，若阻值增加说明 1 号端子应该接电源，2 号端子接信号输出，3 号端子接地；否则电源与地要对换，即 1 号端子接地，3 号端子接电源，如图 4-10 所示。

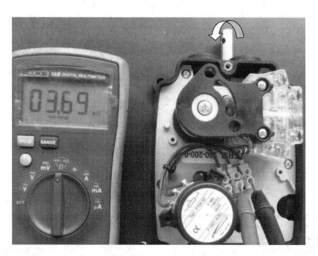

图 4-10　接线验证方法

（四）PT100

PT100 是较常见的温度传感器，在初级教材中我们已介绍了它的工作原理及作用性能。

1. 产品简介

LM-PT100、LM-PT1000 是带 LCD 显示的热电阻温湿度传感器，工作于-40℃～85℃（Link-Max 温湿度传感器主机范围，不是外接的传感器范围）工业级环境，采集温度范围为-200℃～200℃，显示精度 0.1℃，综合精度 0.3℃。用热电阻传感器与 RS-485 中继器，可将原来只能连接 32 个 PT100、PT1000 热电阻采集模块连到同一网络曾多到 255 个，且最大通信距离为 1200 m。LM-PT100、LM-PT1000 热电阻温湿度传感器还可以和 LM-8052NET 配合，组成 TCP/IP 的温度采集网络，可实现远程采集温度。

2. 产品详述

LM-PT100、LM-PT1000、WD-PT100、WD-PT1000 是一种新型的热电阻温

度传感器采集模块（不带 PT100、PT1000 温度传感器，须另外购买），利用它可以实现两路现场温度的采集。同时，利用其自身的 RS-485 总线串行通信接口可以方便地和环境监控主机或其他工控主机进行联网。

工作于-40~85℃（主机范围，不是外接的传感器范围）工业级 PT100、PT1000 热电阻采集模块，按显示方式分有不带 LCD 显示的 WD 系列（WD-PT100、WD-PT1000）和带 LCD 显示的 LM 系列（LM-PT100、PT1000）两类。采集温度范围为-200~200℃，显示精度 0.1℃，综合精度 0.3℃。

PT100、PT1000 热电阻采集模块可通过隔离的 485 通讯接口与 RS-485 局域控制网组网连接。RS-485 最多允许 32 个 PT100、PT1000 热电阻采集模块挂在同一总线上。但如采用 Link-Max 的 RS-485 中继器，则可将多达 256 个 PT100、PT1000 热电阻采集模块连到同一网络，且最大通信距离为 1200 m。在将 PT100、PT1000 热电阻采集模块安装入网前，应对其进行配置。首先，应将模块的波特率与网络的波特率设为一致，同时应分别设置 PT100、PT1000 热电阻采集模块为不同的地址，防止各 PT100、PT1000 热电阻采集模块的地址冲突。

将 PT100、PT1000 热电阻采集模块正确连接后，主机发出读数据命令即可使 PT100、PT1000 热电阻采集模块将数据送回主机。PT100、PT1000 热电阻采集模块内的数据每秒钟更新一次，并周期性地更新 LCD 显示屏的显示数据（仅 LM 系列）。

WD 系列用于不需要显示温度的场合，如户外 ATM 机柜，该系列为 DIN 导轨安装型外壳。LM 系列除可完成温度采集外，还可以预先设置温度的上下限报警值，当环境参数超过该设定值时，机内蜂鸣器就会立即响起报警声。

PT100、PT1000 热电阻采集模块是一种具有广泛应用前景的全数字化 PT100、PT1000 热电阻采集模块，使用该模块可使温度监控变得十分容易。PT100、PT1000 热电阻采集模块可接两线制、三线制、四线制 PT100、PT1000 热电阻。当采用三线制、四线制时，模块可对线阻进行有效地补偿，使电缆的长度不影响采集精度。该模块在环境监控系统、电力系统和工业自动化等领域获得广泛的应用，具有极优的性价比。

PT100、PT1000 热电阻采集模块还可与 LM-8052NET 配合，组成 TCP/IP 的温度采集网络，可实现远程采集温度。

3. 技术参数

LM-8052NET 输入响应时间（模块内数据更新率）为 1 秒同步测量。1 路隔离的 485，MODBUS RTU 通信协议。

通信采用 RS-485 二线制输出接口时，具有+15kV 的 ESD 保护功能。

速率（bps）可在 1200、2400、4800、9600、19200、38400、57600、115200 中选择可选的双协议通信功能，客户可要求具有 ASCII 码格式或十六进制格式通讯协议。

当指令为 ASCII 码格式时，此通信协议适合于微机编程接口；指令为十六进制格式时，适合于单片机编程接口。PT1000 热电阻采集模块与 LM-8052NET 配合参数见表 4-5。

表 4-5　PT1000 热电阻采集模块与 LM-8052NET 配合参数

可设置的温度上下限报警功能（仅 LM 系列）	
精度等级	0.2 级
供电电源	+7.5~30V
功耗小于	0.1W
主机工作温度范围	−40℃~+85℃
测量范围	−200℃~+200℃
存贮条件	−40℃~+85℃（RH：5%~95%不结露）
体积	LM 系列为 106 mm×98 mm×22 mm；WD 系列为；26 mm×98 mm×41 mm
安装方式	LM 系列为壁挂式安装孔，内置斜撑支架也可在桌面摆放；WD 系列为 DIN 导轨卡装

4. 型号指南

型号指南见表 4-6。

表 4-6　型号指南表

可设置的温度上下限报警功能（仅 LM 系列）
LM-400 带 LCD 显示屏的网络型温度传感器采集模块（自带温湿度传感器）
LM-410 带 LCD 显示屏的网络型温湿度传感器传感器采集模块（自带温湿度传感器）

续表

可设置的温度上下限报警功能（仅 LM 系列）
LM-420 带 LCD 显示屏带上下限报警输出的网络型温湿度采集模块（可控制声光报警器）
LM-PT100 带 LCD 显示屏的网络型两路 PT100 热电阻采集模块
LM-PT1000 带 LCD 显示屏的网络型两路 PT1000 热电阻采集模块
WD-PT100 不带 LCD 显示屏的网络型两路 PT100 热电阻采集模块
WD-PT100 不带 LCD 显示屏的网络型两路 PT1000 热电阻采集模块

5. 测量方法编辑

（1）恒流恒压法。在传统的仪器仪表中，一般都采用这种方法，在构建恒流或者恒压法后，在利用欧姆定律，算出 PT100 的阻值，然后查询分度表，得到温度。这种方法最简单也最通用。

（2）通用传感器接口 UTI 法。传统的方法虽然简单，但是有很多不足。使用通用传感器接口芯片，只需要一个对温度不敏感的参考电阻，把 PT100 接上 UTI 的电路，可以通过 MCU 得到 PT100 和参考电阻的比例，从而得到阻值和温度。这种方法非常适用于基于微处理器（MCU）的系统，UTI 所有的信息只通过一个 MCU 兼容的信号输出，这样大大的减少了各分立模块之间的外接线和耦合器。

图 4-11 所示为接 PT100 的接线图。

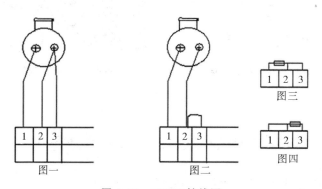

图 4-11　PT100 接线图

图 4-12 所示为接 2~3 个 PT100 的接线图。

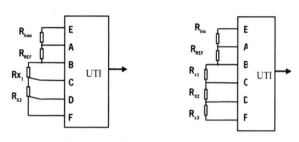

图 4-12　2~3 个 PT100 的接线图

图 4-13、图 4-14 所示为接 8 个 PT100 的接线图。

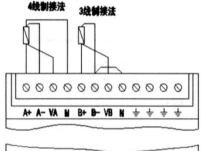

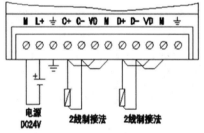

图 4-13　8 个 PT100 的接线图

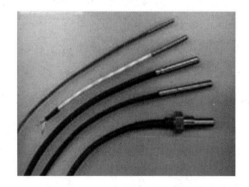

图 4-14　8 个 PT100 的接线图

二、风速仪、风向仪加热装置组成及接线方法

(一) 风速仪

BLF1-SII 风速传感器是为了适应在沿海、沙漠、冻雨、高海拔、超低温、

雪霜（高湿度）和冰冻等恶劣气候条件下准确测量风的速度而设计的。BLF1-SII 风速传感器使用的所有零部件均采用优质材料经先进工艺和特殊工艺精工制造而成。为了保证产品的质量和性能，所有用来制造 BLF1-SII 风速传感器的原材料、外购件均经过严格的筛选、测试后才予以选用。

BLF1-SII 风速传感器在设计上采用防淋雨、防尘、防腐蚀、防盐雾、防冰冻、耐气候、抗电磁干扰、无摩擦或少摩擦、精密和热隔离设计。BLF1-SII 风速传感器的电子电路设计具有抗腐蚀、抗电磁干扰、抗感应雷、耐温度变化、过电流保护、电压极性接反保护、自动控温除霜（冻）、无摩擦磁扫描转换电路八个特殊功能。BLF1-SII 风速传感器的电子电路被牢固可靠地保护在由优质隔热材料和优质铝合金组成的壳体内。

优质铝合金材料制造的壳体充分考虑到传感器工作的恶劣气候条件，在结构上进行充分的防护设计，并且经过专门的防护处理后与隔热材料件组合成坚固可靠的外壳，使灰尘、盐雾及等有害物质都不能进入到壳体内部。专门的铝合金防护工艺处理，可保证铝合金壳体不产生任何腐蚀，经过国家级鉴定部门测试，防护等级达 IP65。

精密的特种钢传动轴承，无摩擦磁扫描电路及转换电路保证了传感器具备良好的灵敏度、精确度、线性度、重复性、宽量程和功耗低，提高了传感器的可靠性。

独特的风杯设计和独到的风杯加工工艺，有效地提高了传感器的钢度和耐受强风能力，传感器的抗风强度可达到 70 m/s。由于电路设计有自动温度控制加热功能，使得传感器具有极高的耐气候性，在低温-50℃、高温 70℃和冻雨的情况下能够正常地探测数据。BLF1-SII 风速传感器具有良好的线性、互换性、可靠性、稳定性和宽大的测量范围。综上所述，BLF1-SII 风速传感器适用于沿海、沙漠、冻雨、高海拔、超低温、雪霜（高湿度）、冰冻等恶劣气候条件下的气象学、风力发电、核电、科学考察等领域对风进行全天候探测。

（二）型号系列表

风速仪的型号，见表4-7。

表 4-7　风速仪型号系列表

传感器型号	测量范围	电气输出	加热功率	工作电压	电缆长度	规格尺寸
51297.67.020	0~50m/S	0~20mA	120W	12~28V/DC	12mRVVP	7 芯插头 (5×0.25 mm^2+2×1.5 mm^2)
51297.67.420	0~50m/S	4~20mA	120W	12~28V/DC	12mRVVP	7 芯插头 (5×0.25 mm^2+2×1.5 mm^2)
51297.67.005	0~50m/S	0~5V	120W	12~28V/DC	12mRVVP	7 芯插头 (5×0.25 mm^2+2×1.5 mm^2)
51297.67.010	0~50m/S	0~10V	120W	12~28V/DC	12mRVVP	7 芯插头 (5×0.25 mm^2+2×1.5 mm^2)

BLF1-SII 抗冰冻风速传感器参数见表 4-8。

表 4-8　BLF1-SII 抗冰冻风速传感器参数表

起动风速	≤0.5 m/s
测量范围	0~50 m/s
最大允许误差	±0.5 或 0.03 Vm/s
分辨力	0.1 m/s
输出信号形式	4-20 mA/0-20 mA/0-5V/0-10V
工作电压	DC12V-28V
工作电流	25 mA
抗风强度	70 m/s
加热电压	24 VDC（最大 120 W）
防护等级	IP65
工作环境温度	-50~70℃
测量方式	磁扫描
工作环境湿度	0~100% RH
电流输出（负载）	最大 500 Ω 时（工作电压>15 V）
电压输出（负载）	最小 1 kΩ

如图 4-15 所示，BLF1-SII 抗冰冻风速传感器属于三杯回转架式风速传感

器，是世界上主流风速传感器。BLF1-SII 抗冰冻风速传感器在风杯的顶部设计有 120W 加热器，加热器与传感器转动部件采用热传导系数高的材料，使传感器转动部件在-50℃情况下不结冰霜。加热器与传感器内部采用特殊的隔热材料，热传导系数达到最小。加热器由自动控温电路进行控制，考虑特殊气象条件下，启动加热器的温度设计在 5℃，以防止传感器上形成冻雨、结霜，可保证传感器在-50℃环境下正常工作。它由永久磁铁和霍尔元件实现机电转换电路，经过单片机进行模数转换和数据处理，保证传感器输出良好的电信号。

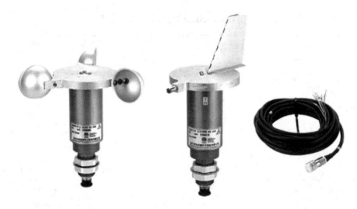

图 4-15　BLF1-SII 抗冰冻风速传感器

（三）安装环境

为保证 BLF1-SII 风速传感器客观有代表性的探测风的有关参数，BLF1-SII 风速传感器必须安装在距地面 10 米高以上、地面无障碍物或 BLF1-SIIII 风速传感器距障碍物之间距离为障碍物高度 10 倍以上的探（观）测点上。如果上述安装条件不能满足时，则应将 BLF1-SII 风速传感器安装在距障碍物 6~10 米处，即地面障碍物不会对探测数据产生影响的高度。

如果 BLF1-SII 风速传感器与 BLF1-SII 风向感器需要安装在一起时，如果上述安装条件不能满足时距离应大于风标最大回转半径和风杯回转半径两倍的总和。

1. 电气安装

因为 BLF1-SII 风速传感器属于"三杯回转架式磁扫描风速传感器"，所以采用正确可靠的电气安装方法是保证 BLF1-SII 风速传感器探测数据准确传输的必要条件。风杯感应风速由磁扫描转换成脉冲信号后，由可防止外来电磁干扰的屏蔽电缆传输至主机，在根据接线图正确接线后，BLF1-SII 风速传感器应能正常工作。

（1）按接线图将 BLF1-SII 风速传感器连接在主机（或显示器）后，显示器显示的风速与实际风速值相符即表示 BLF1-SII 风速传感器安装完成。最后应锁紧 PG21 螺母。

（2）BLF1-SII 风速传感器输出的各种电信号可以与数据采集器、自动记录仪器、电子显示仪表及自动控制系统完全相匹配。其接线对照见表 4-9 和图 4-16。

表 4-9　BLF1-SII 风速传感器接线表

电缆编号	电缆颜色	功能定义
1	棕色	电源 DC12V-28V
2	白色	电源地 GND
3	蓝色	模拟信号输出
4	黑色	模拟信号输出 GND
5	灰色	加热 DC 24V（最大 120 W）
6	粉色	加热地
7	黄绿色	外屏蔽层（保护接地）

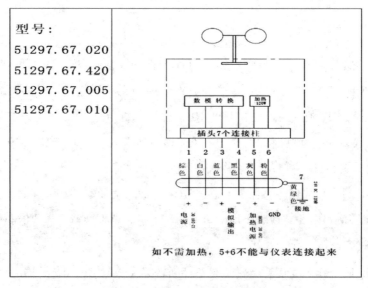

图 4-16　传感器连接器接线图

2. 安装操作

BLF1-XII风向传感器安装如下所示。

（1）安装方法。机舱在吊装前，应把风向风速传感器安装到传感器的固定支架上。安装风向传感器时把风向传感器的S极指向机舱头部（桨叶），N极指向机舱尾部，见图4-19所示。然后拧紧六方螺母，使传感器不能松动。

（2）调试。BLF1-XII抗冰冻风向传感器在风标的顶部设计有120W加热器，加热器与传感器转动部件采用热传导系数高的材料，使传感器转动部件在-50℃情况下不结冰霜。加热器与传感器内部采用特殊的隔热材料，热传导系数达到最小。加热器由自动控温电路进行控制，考虑特殊气象条件下，启动加热器的温度设计在5℃，以防止传感器上形成冻雨、结霜，可保证在-50℃环境下正常工作。由永久磁铁和霍尔元件实现机电转换电路，经过单片机进行模数转换和数据处理，保证传

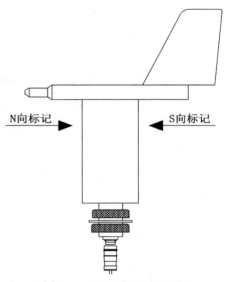

图4-19　风向仪的安装标识

感器输出的电信号具有良好的灵敏度、精确度、线性度和可靠性。在风向传感器调试时，有一人应在显示屏前观察曲线和方位角，另一人操作风向传感器，把风向标尾翼指向机头（桨叶）方向。这时风向标尾翼应和S极相重合；如不重合，用手扭动风向传感器壳体，使S极和风向标尾翼相重合，此时显示屏上应该显示为0°左右。两只传感器用同一方法进行调试，调试时两只传感器的曲线应尽量重合，这样可减少测量和计算误差。

3. 安装环境

如果BLF1-SII风速传感器与BLF1-XII风向传感器同时安装在一起时，那么两传感器之间的距离应大于风标最大回转半径和风杯回转半径总和的两倍。

第二节 变桨系统装配

一、风电机组雷电保护装置组成、工作原理和安装方法

(一) 风电机组防雷原理

风能是可再生的洁净能源，利用风力发电是当前技术最成熟、最具备规模开发条件的电力资源。随着风力发电机组的单机容量越来越大，为了吸收更多风能，风机的高度随着轮毂高度和叶轮直径的增大而不断升高，遭受雷击的风险就不断增加，可以说雷击已成为自然界中对风力发电机组安全运行危害最大的一种自然灾害。发生雷击时，闪电电流通过所有风力发电机组件传导至地面，由于风力发电机位于疾风区，通常选址在丘陵或山脊上，其高度远高于周围的地形地物，再加上风力发电机安装地点土壤电阻率通常较高，对雷电流的传导性能相对较差，特别容易受到直击雷、侧击雷和感应雷的袭击，因此对风力发电机组件采取防雷措施是非常必要的。IEC TR 61400-24《风力涡轮发电机系统-雷电防护》指出：现代风力发电机的防雷通常不同于普通建筑物的防雷，它需要重点解决叶片和轮毂、齿轮箱、轴承、传动装置、发电机、电气部分和控制系统等的雷电防护问题。IEC TR 61400-24 给出了德国易遭受雷击的风机主要部件的统计。

(二) 风力发电机雷电防护内容

目前，国际上还没有专门针对风力发电的雷电防护标准，只能参照《建筑物防雷标准》IEC 61024-1、IEC 61024-1-2，以及《雷电电磁脉中的防护》IEC 61312-2、IEC 61312-3、IEC 61312-4 和 IEC 61312-5 等标准的相关内容，通过对风机内机械、传动、电气和电子系统的屏蔽、等电位连接、浪涌保护器（SPD）和接地装置，人为地把雷击造成的损坏降到可接受的水平。风机因雷击损坏的成本，来自德国的统计数据表明，风机遭雷击的部件的维修费用（包括人工费、部件费和吊装费等）很高，其中叶片损坏的维修费用最昂贵。风力发电机

遭雷击损坏后，由于故障损害的分析和后续的维修，加上订货期和运输期，会造成一段时间的停工期。这期间不仅使发电量损失，而且还减少了风场所有者的经济收入。据国外的统计，雷电故障比平均其他故障造成的停机影响都大。

电闪雷鸣释放的巨大能量，会造成风机叶片爆裂、电气绝缘击穿、自动化控制和通信元件烧毁。风机的防雷具有如下特点。

（1）一般雷击率在年均 10 雷电日地区，建筑物高度 h 与一般雷击率 n 有关系。

（2）风力发电环境的。风机分散安置在旷野，大型风机叶片高点（轮毂高度加风轮半径）达 60~70 m，易受雷击；风力发电机组的电气绝缘低（发电机电压 690V、大量使用自动化控制和通信元件）。因此，就防雷来说，其环境远比常规发电机组的环境更加恶劣。

（3）严重性。机组是风电场的贵重设备，价格占风电工程投资的 60% 以上。若其遭受雷击（特别是叶片和发电机贵重部件遭受雷击），除了损失修复期间应该发电所得之外，还要负担受损部件的拆装和更新的巨大费用。丹麦 LM 公司资料显示：1994 年，雷电后风机损坏超过 6%，修理费用估计至少 1 500 万克朗（当年丹麦装机 540 MW，平均 2.8 万克朗/MW）。按 LM 公司估计，世界每年有 1%~2% 的转轮叶片受到雷击。

在叶片受雷击的损坏中，多数发生在叶尖，此种情况是容易被修补的，但少数情况则要更换整个叶片。雷击风机常常引起机电系统的过电压，造成风机自动化控制和通信元件的烧毁、发电机击穿、电气设备损坏等事故。所以，雷害是威胁风机安全经济运行的严重问题。雷电释放巨大能量，使叶片结构温度急剧升高，分解气体高温膨胀，压力上升造成爆裂破坏。美国瞬变特性研究院用人工电晕发生器，在全复合材料的叶片做雷击试验，高电压、长电弧冲击（3.5MV，20kA）加在无防雷设置的叶片上，结论是叶片必须加装防雷装置。玻璃钢防雷叶片顶端铆装一个不锈钢叶尖，用铜丝网贴在叶片两面，将叶尖与叶根连为一导电体。铜丝网一方面可将叶尖的雷电引导至大地，也防止雷击叶片主体。

丹麦 LM 公司于 1994 年获得叶片防雷的科研项目，由丹麦能源部资助，包括丹麦研究院雷电专家、风机生产厂、工业保险业、风电场和商业组织在内，目的在于调查研究雷电导致叶片损害，开发安全耐用的防雷叶片。研究人员在实验室进行一系列的仿真测试，电压达 1.6 MV，电流到 200 kA，进行雷电冲击，验证叶片结构能力和雷电安全性。研究表明，不管叶片是用木头或玻璃纤维制成，或是叶片包导电体，雷电导致损害的范围取决于叶片的形式。叶片全绝缘并不减少被雷击的危险，而且会增加损害的次数。研究还表明，在多数情况下，被雷击的区域在叶尖背面（或称吸力面）。在以上研究的基础上，LM 叶片防雷性能得到了发展，在叶尖装有接闪器捕捉雷电，再通过叶片内腔导引线使雷电导入大地，约束雷电，保护叶片。其设计简单、耐用。如果接闪器或传导系统附件需要更换，只是机械性的改换。

雷害资料数据还显示了，我国的个别案例。例如，1995 年 8 月，浙江苍南风电场 1 台 FD16 型 55kW 风机遭受雷击，从叶尖到叶根开裂损坏报废。我国各风场的雷害的统计资料，没有丹麦和德国有统计的雷击数据完善。

1. 风机雷击率

德国雷击率比丹麦高出 1 倍。除了地点不同，收集时间短（一般认为需要 15 a），其中还有德国的风机平均总高度 44.3 m 比丹麦的 35.5 m 高等因素。雷击停机后，可再次顺利启动的大约占 10.5%，说明防雷保护的作用。

通过上述统计资料分析，可以发现：

（1）德国、丹麦统计数据说明风机遭雷击概率高，预测我国多雷地区会更严重。

（2）安装在高山的风机，比在低地和海边更容易受雷击。

（3）控制系统损坏率最高，是雷害薄弱环节，电气系统和发电机损坏概率也不低，说明雷电造成的过电压必须引起重视。

（4）叶片损坏所造成的损失电量最多、修理费用最大。

（5）德国记录雷击停机后有大约 10.5% 可再次顺利启动，很值得进一步研究。

2. 防雷标准及地电阻要求

现代的雷电保护可分为外部雷电保护和内部的雷电保护两部分。按照 IEC1024-1 标准，以雷电 5 个重要参数，确定保护水平分级。如今，风机叶片（如 LM 叶片）的防雷，是按照 IEC1024-1 的 I 级保护水平设计，并通过有关型式试验所以，叶片避免直击雷的破坏已大有改善。当叶片遭受雷击时，将雷电引导入大地不难，但是，在离地 40~50 m 的风力发电机组机舱内的设备和地面控制框设备都与雷电引下系统有某种相连，雷电流引起过电压，造成这些设备的损坏是涉及面广而棘手的问题。

雷电流引起过电压，取决引下系统和接地网。目前，国际风机厂家对地电阻值的要求很不一样：丹麦（Vestas、Micon）允许较大；美国（Zond）西班牙（Made）次之；德国（Nordex、Jacobs）要求地电阻值最小。目前，我国尚没有风力发电机组防雷和过电压保护（包括地电阻值）的行业标准，这是风机国产化和风电场设计急需解决的问题

3. 防雷和过电压保护设计

雷的保护，包含接闪器和敷设在叶片内腔连接到叶片根部的导引线。叶片的铝质根部连接到轮毂、引至机舱主机架、一直引入大地。叶片防雷系统的主要目标是避免雷电直击叶片本体，而导致叶片本身发热膨胀、迸裂损害。机舱主机架除了与叶片相连，还连接机舱顶上避雷棒，避雷棒用于保护风速计和风标免受雷击。主机架再连接到塔架和基础的接地网。

4. 塔架及引下线

专设的引下线连接机舱和塔架，跨越偏航环，机舱和偏航刹车盘通过接地线连接，减轻电压降，因此，雷击时将不受到伤害，通过引下线将雷电顺利地引入大地。

5. 接地网

接地网设在混凝土基础的周围，其包括1个50 mm² 环导体，置在离基础1 m地下1 m处；每隔一定距离打入地下镀铜接地棒，作为铜导电环的补充；铜导电环连接到塔架2个相反位置，地面的控制器连接到连点之一。有的设计在铜环导体与塔基中间加上两个环导体，使跨步电压更加改善。如果风机放置在高地电阻区域，地网将要延伸保证地电阻达到规范要求。一个有效的接地系统，应保证雷电入地，为人员和动物提供最大限度的安全，以及保护风机部件不受损坏。

6. 等电位汇接

风速计和风标与避雷针一起接地等电位；机舱的所有组件如主轴承、发电机、齿轮箱、液压站等以合适尺寸的接地带，连接到机舱主框作为等电位；地面开关盘框由一个封闭金属盒，连接到地等电位。

7. 隔离

在机舱上的处理器和地面控制器通信，采用光纤电缆连接；对处理器和传感器，应分开供电的直流电源。

8. 过电压保护设备

在发电机、开关盘、控制器模块电子组件、信号电缆终端等，采用避雷器或压敏块电阻的过电压保护。

9. 分析及结论

不论从实际统计或理论分析都表明，雷害是威胁风力发电机组安全生产和风场效益的严峻问题。风力发电是新兴的行业，至今从防雷研究成果看，风力发电机组的外部直击雷保护，重点是放在改进叶片的防雷系统上；而内部的防雷——过电压保护则由风机厂家设计完成。此外，各个国际风机厂家实际设计所依据标准和参数（包括地网电阻）都有很大差别。所以，这样形成的风机制造不能不在产品上留下某些薄弱环节。为了改进风机的防雷性能，首先要确定合理统一的防雷设计标准，明确防止外部雷电和内部雷电（过电压）保护的制造工艺规范，这是提高风力发电机组防雷性能的基础。在我国要发展风电，就必须尽快建立我国风电行业（包括风机防雷）技术规范，这是非常急迫和非常必要的。

风机的一般外部雷击路线是：雷击（叶片上）接闪器→（叶片内腔）导引线→叶片根部→机舱主机架→专设（塔架）引下线→接地网引入大地。但是，从丹麦和德国统计受雷击损坏部位中，雷电直击的叶片损坏占15%~20%，而80%以上是与引下线相连的其他设备，受雷电引入大地过程中产生过电压而损坏，也就是说，雷电形成的过电压必须引起充分重视。

地域不同的雷电活动有所差别，我国北方和南方的雷电活动强度也不一样。如上所列的丹麦和德国雷害统计资料对我国很有参考价值，但是，丹麦和德国毕竟都是位于雷电活动少的北欧和中欧地区，在我国将来的规范标准中，应该充分考虑到地域的差异，主要是我国北方和南方的差别。

风场微观选点中，地质好的风机基础和低电阻率地网点是有矛盾的；而风机设备耐雷性能的设计和要求现场地电阻值的高低也是有矛盾的。所以，必须充分考虑各方面因素，进行技术经济的优化。

我国正在实施风机国产化，而国外风机防雷和过电压设计也不是很完善。所以，在引进吸收过程中，改进风机防雷和过电压设计是必要的。

（三）电机组雷电防护措施

随着风力发电技术的不断发展，兆瓦级大功率风力发电机组已经被越来越多的风电场开发商使用。风力发电机组的塔架高度、叶片长度也随着发电功率的不断增加而增加。风力发电机组通常安装在比较空旷的地区或是沿海、海上环境，机组又属于凸起的物体，根据雷电选择特性，即"尖端放电"效应，机组在此类地区遭受雷击的概率较高。

1. 风力发电机组防雷系统的必要性

目前，中国国内的大部分风电场分布于东北、华北和西北地区。近些年，随着风力发电技术的成熟和市场需求的增加，越来越多的南方风电场已陆续建设起来。而且，南方地区的雷暴天气明显要多于北方地区，给风机制造商和风电场建设方都带来极大的考验。

图4-21　某机组雷击图

如图4-21所示，为某机组遭雷击损坏的实例：

电机组相对城市普通建（构）筑物有不同的防雷特征，具体如下：

（1）风力发电机组是比周围物体要高大的构筑物。

（2）风力发电机组常常安装在非常容易受到雷击的场地。

（3）风力发电机组的许多暴露部件，如叶片和机舱罩往往由不能承受直击雷的复合材料制成。

（4）叶片、轮毂、发电机与机舱是相对旋转的，不利传导雷电流。

（5）雷电流将通过风力发电机组的金属结构传导到大地，因此，实际上大部分雷电流将流经或靠近所有的机组部件。

（6）风电场的土壤电阻率通常比较高，接地条件不好。

（7）风力发电机组都设置在风大的地区，例如海岸、丘陵、山脊，而这些地区正是雷电多发区。通常风力发电机组设置在高于周围地区的制高点，并且远离其它高大物体，因此它更加能吸引雷电。此外，设置在丘陵和山脊的风力发电机组的接地，使得这些地区的土壤导电性能相对较差。

2. 风力发电机组的通用防雷措施

风力发电机组的防雷系统包含了从叶片至基础的各个环节，并且每个环节都不可或缺。依据 IEC61400—24（2010）《风力发电机组—第 24 部分：雷电防护》等相关标准，风力发电机组的防雷措施主要有以下七个方面。

（1）叶片接闪器及引下线。叶片接闪器应位于叶片表面，能截收绝大部分的雷击。叶片接闪器系统的设计根据严格的检测和试验来确定。接闪器数量按照 2010 版 GL 规范相关要求进行设计。引下线应长期可靠连接，并能承受雷电流产生的电、热、电动力的联合冲击。引下线应在进行模拟雷击试验以前就安装在叶片上，应与叶片一起进行耐受机械应力的实验。

（2）轮毂。轮毂金属结构本身具有良好的电磁屏蔽效果，其雷电防护只需采取等电位连接。对延伸到轮毂外部（除去叶片根部或机舱）的电气和控制系统回路应采取雷电防护措施。

（3）机舱。机舱结构自然成为雷电防护系统的一部分，应能承载 IEC62305-1 所规定雷电防护等级的雷电流。金属机舱外罩和金属结构（如机舱底座）应与引下线连接。非金属机舱外罩（如玻璃钢外罩）应增设足够大截面网格条的金属网格。

（4）塔筒。金属塔筒各段落之间应有良好的电气连接。各段落之间除了自然的结构连接以外还应有多条直接的电气连接。金属塔筒可作为良好的自然引下线，各段端部和底座环应引出接地端子。

（5）轴承和齿轮箱。轴承应证明能在整个服务期间耐受可能流过多次雷电流，否则应采取降低雷电流流过轴承的保护措施。对处于雷电流通道的轴承齿轮、轴承与连轴器应采用旁路分流和阻断隔离相结合的方式。通向发电机的连轴器应采用绝缘隔离，提供所需的绝缘以保护发电机免遭雷电流侵入发电机轴。

阻断隔离是指在轴承或齿轮箱以及其它高速轴到机舱底板的电流通道中插入绝缘层。图 4-22 所示为减少轴承雷电流措施的示意图。齿轮箱和发电机通过机器底座的连接螺栓与接地装置应保持良好的连接。如齿轮箱或发电机用柔性阻尼元件与机器底座连接，则所有阻尼元件应采用有足够截面积的扁铜带跨接。

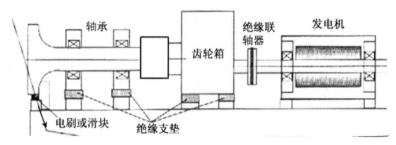

图 4-22 轴承防雷措施示意图

（6）接地装置。风力发电机组接地装置可利用塔筒的钢筋混凝土基础作为共用接地装置，除应满足以下四个基本要求以外，还要符合雷电防护的要求，能将高频和高能量的雷电流安全引导入地。其工频接地电阻宜小于4Ω。在高土壤电阻率地区，应采取措施降低接地电阻。本机组的接地装置应与若干其它机组和风电场的接地装置相连。

接地装置须满足以下四个基本要求。

①接地故障出现时，当发生跨步电压和接触电压时，需确保人身安全。

②防止接地故障引起设备的损坏。

③接地故障时接地装置耐受热、电动力。

④具有长期的机械强度和耐腐蚀性。

（7）电气系统防雷。

①风力发电机组中电涌保护器的类型。风力发电机组内部系统采用的电涌保护器（简称SPD）产品的类型。

低压电源系统用SPD用于对低压电源系统中的电气部件的保护，产品应符合GB 18802.1。

控制与信息系统用SPD用于对控制和测量、信号回路的保护，产品应符合GB/T 18802.21。

低压主电力电气系统用SPD用于对风力发电机、变频器及有关部件的保护。

②风力发电机组中电涌保护器的安装位置。根据风力发电机组电气电子系统框图和防雷区（简称LPZ）划分原则，如图4-23所示，应在如下位置安装SPD。

可在每个 LPZ 的线路入口处安装 SPD。在 LPZ0B 进入 LPZ1 区处，应选用用 Iimp 测试的 SPD（Ⅰ类试验），安装在离 LPZ1 尽可能近的地方；在 LPZ1 进入 LPZ2 区或更高区处：应选用 In 测试的 SPD（Ⅱ类试验），安装在离 LPZ2 边界或更高区尽可能近的地方。

此外，还可以在部分电气设备端部安装 SPD。非常敏感的设备，距离太远的设备和内部干扰源产生的电磁场有威胁的设备，在 LPZ 入口处安装 SPD。如图4-24所示为双馈式风力发电机主电力电气回路和低压电源回路中电涌保护器安装位置。

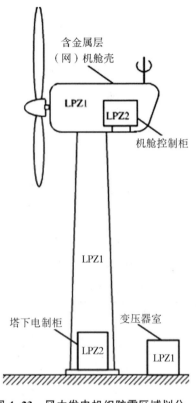

图 4-23　风力发电机组防雷区域划分

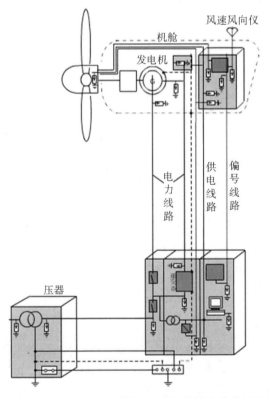

图 4-24　双馈风力发电机组电涌保护器设置

四、永磁直驱风力发电机组防雷措施

永磁直驱风力发电机组的防雷措施除跟上述的风力发电机组通用措施相同外，还应具有以下防护措施。

1. 风力发电机组的雷电保护系统

考虑机组的结构特点，从其自身价值及遭受雷击后可能产生的直接和间接损失，结合国外对机组防雷等级的划分，风力发电机组参照最严酷等级进行防雷，并适应与所有的雷暴区域。依据 IEC 62305.1—2006《雷电防护 第 1 部分：总则》第八章的规定，采用雷电防护水平雷电防护等级 I 的防护标准进行保护。

2. 综合防雷体系

风力发电机组的防雷保护是个综合的防雷系统。包括外部、内部防雷系统，针对不同防雷区域采取有效的防护手段，主要包括雷电截收和传导系统、过电压保护和等电位连接、电控系统防雷等措施，这些防护措施都充分考虑了雷电的特点，实践证明这一方法简单而有效。

3. 机舱顶部接闪器的设计

在机舱的顶部设置有风向标和风速仪，为了减少因侧击雷造成风向标、风速仪和机舱内设备的损坏，应在机舱顶部装设接闪器，保护风向标、风速仪和机舱内的设备。

4. 等电位连接

电位连接是风力发电机组防雷工作的核心，是保证雷电流通路畅通的关键。

为了减小各金属设备之间的电位差，对机组的所有外露金属部分，采取等电位连接措施。轮毂、机舱、塔筒内建立等电位连接网络，内部主要金属构建、金属管道以及线路屏蔽均应采用等电位连接。设置等电位母排。延伸到机舱、塔筒外部的电气和控制系统电路应布设在金属管道内，

金属管道应与引下线系统相连，电气和控制系统电路应采取过电压保护措施。

5. 沿海及海上的机组防雷措施

针对海上的盐雾环境，对防雷、接地装置的金属结构件做必要的防腐处理，

并且对电缆芯及接线端子做防腐处理，所有的电涌保护器均要通过抗盐雾试验。

6. 加强对防雷与接地装置的检查与维护

风力发电机组的设计寿命至少为 20 年，为保证机组的防雷系统正常工作，要定期对防雷与接地装置进行检查，主要检查的对象有：各电控柜内电涌保护器、各零部件及设备间的等电位连接导线、机组的接地电阻值等。

"预防胜于治理"是对防雷工作最好的解释，即使比较完善的防雷体系已经建立，但还是不能够完全抵御雷击的风险。所以，在风力发电机组广泛采用有效的防雷保护技术的同时，为了尽量减少风力发电机组遭受雷击的危险，建议在风机安装之前，即在进行风电场的规划设计及微观选址时，就将风机的防雷作为影响因素之一加以考虑，从而确保风力发电机组安全有效的运行。

二、风电机组变桨系统通过滑环与机舱控制系统连接方法

滑环是负责为旋转体连通、输送能源与信号的电气部件。根据传输介质来区分，滑环分为电滑环、流体滑环、光滑环，也可统称为"旋转连通"或"旋通"。滑环通常安装在设备的旋转中心，主要由旋转与静止两大部分组成。旋转部分连接设备的旋转结构并随之旋转运动，称为"转子"，静止部分连接设备的固定结构的能源，称为"定子"。

风电滑环是通过空气流动而提供动力的，空气因流动而具有的动能才叫风能。现阶段主要的利用原理就是通过风车把风的动能变成为旋转的动作，去推动风力发电机产生电力。风电滑环在工作过程中，其主要参数的变化会与其工作稳定性、可靠性及寿命有很大的关系，有时候会有很大的影响。其中在风电滑环的应用过程中，我们应该注意的是，安装风力发电机滑环，重要的是要注意密封，防水是关键，因为风电源滑环安装在室外很长一段时间，如果防水性能不好，就很容易造成短路，影响产品使用的安全性，有时甚至会造成更严重的后果。

滑环在安装的时候，要留有足够的余地，由于直驱转子的内部空间较大，可以考虑固定刷架安装位置。

风力发电离不开风电滑环，风电滑环属于导电滑环的一个子类，属于高科技产品，风电滑环是风力发电设备中旋转风叶和主干轴连接部分的旋转关节零部

件。这种零部件是连接风叶和风机之间进行信号传输的唯一通道，很多传感器的数据都必须通过风电滑环这个关节在相互之间传输，而且这也是唯一一个需要不同运动的零部件，很容易出现损耗。这个零件一旦出了问题，就会造成整台风电设备出现较大故障，甚至可能完全报废，因此风电滑环在风电设备中的地位和作用是非常关键的。

 **思考题：**

1. 接近开关有哪几种类型？
2. 凸轮传感器的工作原理是什么？
3. 建立风力发电机组防雷系统的必要性有哪些？
4. 滑环是什么？
5. 滑环的结构部件有哪些？

第五章　冷却、控制系统装配

1. 完成发电机冷却系统温度传感器、压力传感器等的接线。
2. 完成齿轮箱冷却系统温度传感器、压力传感器等的接线。
3. 区分主机 PLC 和从属 PLC 系统。
4. 完成 PLC 控制系统与相应的控制部件的电气连接。

第一节　冷却系统装配

一、风力发电机组的基本构成

要知道风力发电机组冷却系统的工作原理，就要首先了解风力发电机的工作原理与构造。风力发电机的工作原理简单地说，就是通过风轮在风力的作用下旋转，将风的动能转化为风轮轴的机械能，从而带动发电机发电。

简单地说，风力发电机组是将风能转换为电能的能量转换装置，如图 5-1 所示。

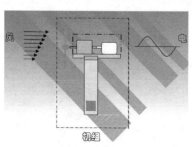

图 5-1　风力发电机工作原理

目前，主流的风力发电机结构有两种类型，分别为双馈异步发电机和直驱永磁同步发电机，他们的结构如图 5-2、图 5-3、图 5-4 所示。

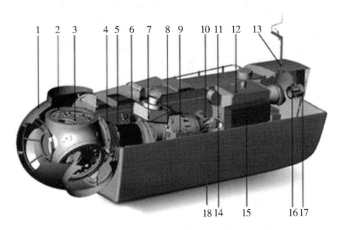

1—导流罩；2—变浆轴承；3—轮毂；4—轴承座；5—主轴；6—液压站；7—空冷散热器；

8—齿轮箱；9—齿轮箱弹性支撑；10—制动器；11—联轴器；12—发电机；13—测风支架；

14—滑环系统；15—机舱控制柜；16—机舱提升机；17—轴流风机；18—偏航系统

图 5-2　双馈异步发电机结构

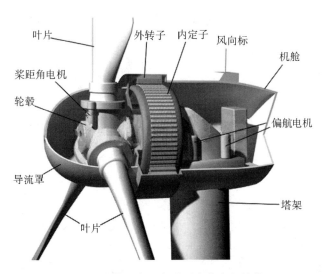

图 5-3　外转子直驱永磁同步发电机结构

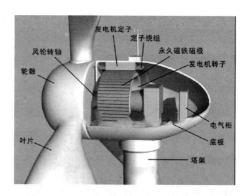

图5-4 内转子直驱永磁同步发电机结构

风力发电机组中，在机舱上安装有若干关键部件，主要有叶片、轮毂、主轴、齿轮箱、高速轴和安装在其上的机械刹车、发电机、液压系统、冷却系统、偏航系统、风速仪和风向标、控制系统等。

（一）叶片

在风力发电机中，叶片是最基础和最关键的部件，其良好的性能、可靠的质量以及优越的性能是保证机组正常稳定运行的决定因素，它直接影响风能的转换效率，直接影响风力发电的年发电量，是风能利用的重要一环。其结构如图5-5所示。

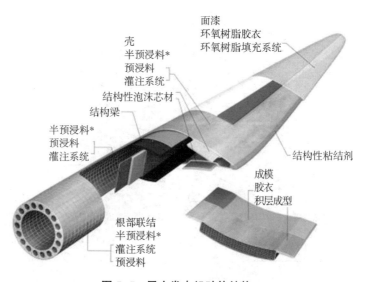

图5-5 风力发电机叶片结构

风力发电机叶片一般是由复合材料制成的薄壳结构，结构上分根部、外壳和龙骨三个部分。类型多种，有尖头、平头、钩头、带襟翼的尖部等。制造工艺主要包括阳模、翻阴模、铺层、加热固化、脱模、打磨表面和喷漆等。

由于叶片要在恶劣的环境中长期运转，所以对其有着比较高的要求。

（1）密度轻且具有最佳的疲劳强度和力学性能，能经受暴风等极端恶劣条件和随机负载的考验。

（2）叶片的弹性、旋转时的惯性及其振动频率特性曲线都正常，传递给整个发电系统的负载稳定性好，不得在失控（飞车）的情况下载离心力的作用下拉断并飞出，不得在风压的作用下折断，也不得在飞车转速以下范围内产生引起整个风力发电机组的强烈共振。

（3）叶片的材料必须保证表面光滑以减小风阻，粗糙的表面亦会被风"撕裂"。

（4）不得产生强烈的电磁波干扰和光反射。

（5）不允许产生过大噪声。

（6）耐腐蚀、紫外线照射和雷击性能好。

（7）成本较低，维护费用最低。

用于加工叶片的材料有木头、金属、工程塑料和玻璃钢等，主要叶片类型有以下几种。

（1）木质叶片和布蒙皮叶片。近代的微、小型风力发电机也有采用木制叶片的，但木制叶片不易做成扭曲型。大中型风力发电机很少用木制叶片，采用木制叶片的也是用强度很好的整体木方做叶片纵梁，来承担叶片在工作时所必须承担的力和弯矩。

（2）钢梁玻璃纤维蒙皮叶片。叶片在近代采用钢管或 D 型型钢做纵梁，钢板做肋梁，内填泡沫塑料外覆玻璃钢蒙皮的机构形式，一般在大型风力发电机上使用。叶片纵梁的钢管及 D 型型钢从叶根至叶尖的截面应逐渐变小，以满足扭曲叶片的要求并减轻叶片重量，即做成等强度梁。

（3）铝合金等弦长挤压成型叶片。用铝合金挤压成型的等弦长叶片易于制造，可联系生产，又可按设计要求的扭曲进行扭曲加工，叶根与轮毂连接的轴及法兰可通过焊接或螺栓连接来实现。铝合金叶片重量轻、易于加工，但不能做到从叶根至叶尖渐缩的叶片，因为目前世界各国尚未解决这种挤压工艺问题。

（4）玻璃钢叶片。所谓玻璃钢（Glass Fiber Reinforced Plastic，GFRP）就是环氧树脂、不饱和树脂等塑料渗入长度不同的玻璃纤维或碳纤维而做成的增强塑料。增强塑料强度高、重量轻、耐老化，表面可再缠玻璃纤维及涂环氧树脂，其他部分填充泡沫塑料。泡沫在叶片中的主要作用是在保证其稳定性的同时降低叶片质量，使叶片在满足刚度的同时增大捕风面积。从泡沫的力学性能和价格等因素考虑，目前被用于风力发电叶片芯材的泡沫主要有聚氯乙烯（PVC）、聚苯乙烯（PS）、聚氨酯（PUR）、丙烯腈-苯乙烯（SAN）、聚醚酰亚胺（PEI）及聚甲基丙烯酰亚胺（PMI）、聚对苯二甲酸乙二醇酯（PET）等。PVC泡沫使用最为广泛，也是第一种用在承载构件夹层结构中的结构泡沫芯材，也称为交联PVC。此泡沫属于热固性泡沫，由德国人林德曼在20世纪30年代后期发明的。而PET泡沫（Airex）是最近几年才开始研制生产的泡沫，属于热塑性泡沫，生产工艺为挤出发泡，但与PS泡沫不同的是其挤出的宽度有限，所以挤出后要通过热熔粘接将其拼接成较大的泡沫体以方便使用。

（5）碳纤维复合叶片。随着风力发电产业的发展，对叶片的要求越来越高。对叶片来讲，刚度也是一个十分重要的指标。研究表明，碳纤维（Carbon Fiber，CF）复合材料叶片刚度是玻璃钢复合叶片的2~3倍。虽然碳纤维复合材料的性能大大优于玻璃纤维复合材料，但价格昂贵，影响了它在风力发电大范围的应用。因此，全球各大复合材料公司正在从原材料、工艺技术和质量控制等各方面深入研究，以求降低生产成本。

（二）轮毂

轮毂是风轮的枢纽，也是叶片根部与主轴的连接件，是变桨轴承、变桨控制柜、变桨驱动器和传感器的载体。如图5-6所示。所有从叶片传来的力，都通过轮毂传到传动系统。同时，轮毂也是控制叶片桨距（使叶片作俯仰转动）的所在。

轮毂承受了风力作用在叶片上的推力、扭矩、弯矩和陀螺力矩。它通常安装三片叶片的水平式风力机轮毂的形式为三角形和三通形。

轮毂可以是铸造结构，也可以采用焊接结构，其材料可以是铸钢，也可以采用高强度球墨铸铁。由于高强度球墨铸铁具有不可替代性，具有铸造性能好、容易铸成、减振性能好、应力集中敏感性低和成本低等特点，因此风力发电机组中大量采用高强度球墨铸铁作为轮毂的材料。

　　轮毂的常用形式主要有刚性轮毂和铰链式轮毂（柔性轮毂或翘翘板式露骨）。刚性轮毂由于制造成本低、维护少：没有磨损，三叶片风轮一般采用刚性轮毂，且刚性轮毂安装、使用和维护较简单，日常维护工作较少，只要在设计时充分考虑到轮毂的防腐蚀问题，基本上可以实现免维护，是目前使用最广泛的一种形式。

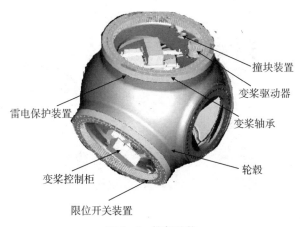

撞块装置
变桨驱动器
变桨轴承
雷电保护装置
轮毂
变桨控制柜
限位开关装置

图 5-6　轮毂结构

（三）主轴

　　风力发电机主轴系是连接叶轮与齿轮箱（双馈机组）或发电机（直驱机组）的重要部件，如图 5-7 所示。主轴承担着支撑轮毂处传递过来的各种负载的作用，并传递扭矩、轴向推力和气动弯矩。

　　风力发电机主轴系主要由主轴、主轴轴承、轴承座和润滑剂密封系统

图 5-7　主轴组对

组成。如图 5-8、图 5-9 和图 5-10 所示。

图 5-8　风力发电机主轴

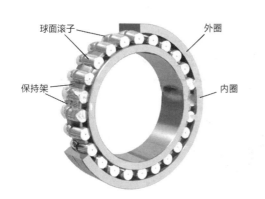

图 5-9　风力发电机主轴轴承

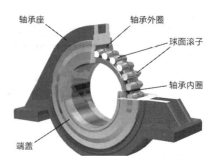

图 5-10　风力发电机主轴轴承及轴承座组对

（四）齿轮箱

　　风力发电机组中的齿轮箱是一个重要的机械部件，其主要功用是将风轮在风力作用下所产生的动力传递给发电机并使其得到相应的转速，如图 5-11 所示。

　　通常风轮的转速很低，远达不到发电机发电所要求的转速，必须通过齿轮箱齿轮副的增速作用来实现，故也将齿轮箱称为增速箱。根据机组的总体布置要求，有时将与风轮轮毂直接相连的传

图 5-11　风力发电机齿轮箱

动轴（俗称大轴）与齿轮箱合为一体，也有将大轴与齿轮箱分别布置，其间利用胀紧套装置或联轴节连接的结构。为了增加机组的制动能力，常常在齿轮箱的输入端或输出端设置刹车装置，配合叶尖制动（定桨距风轮）或变桨距制动装置共同对机组传动系统进行联合制动。

由于机组安装在高山、荒野、海滩和海岛等风口处，受无规律的变向变负荷的风力作用以及强阵风的冲击，常年经受酷暑严寒和极端温差的影响，加之所处自然环境交通不便，箱安装在塔顶的狭小空间内，一旦出现故障，修复非常困难，故对其可靠性和使用寿命都提出了比一般机械高得多的要求。例如，对构件材料的要求，除了常规状态下机械性能外，还应该具有低温状态下抗冷脆性等特性；应保证齿轮箱平稳工作，防止振动和冲击，保证充分的润滑条件等。对冬夏温差巨大的地区，要配置合适的加热和冷却装置。还要设置监控点，对运转和润滑状态进行监控。

风力发电机组齿轮箱的种类很多，按照传统类型可分为圆柱齿轮增速箱、行星增速箱和它们互相组合起来的齿轮箱；按照传动的级数可分为单级和多级齿轮箱；按照转动的布置形式又可分为展开式、分流式和同轴式和混合式等。

对于永磁直驱机组，通常不需要齿轮箱。

（五）联轴器

在风力发电机组传动系统中，联轴器将齿轮箱输出轴的转矩传递到发电机转子上并且补偿齿轮箱和发电机轴的对中偏差，如图5-12所示。

图5-12　扭转弹性膜片联轴器

常用的联轴器有法兰联轴器、收缩过盈联轴器、键连接联轴器、齿形联轴器和扭转弹性膜片联轴器等。

(六) 风力发电机

目前，比较主流的风力发电机为双馈异步发电机和永磁直驱发电机。下面就其工作原理做简单介绍。

双馈异步风力发电机（Double-Fed Induction Generator，DFIG）是目前应用最为广泛的风力发电机，它由定子绕组直连定频三相电网的绕线型异步发电机和安装在转子绕组上的双向背靠背 IGBT 电压源变流器组成。

双馈异步风力发电机是一种绕线式感应发电机，是变速恒频风力发电机组的核心部件，也是风力发电机组国产化的关键部件之一。该发电机主要由电机本体和冷却系统两大部分组成，如图 5-13 所示。电机本体由定子、转子和轴承系统组成。冷却系统分为水冷、空空冷和空水冷三种结构。

图 5-13 双馈风力发电机

双馈异步发电机的定子绕组直接与电网相连，转子绕组通过变流器与电网连接。转子绕组电源的频率、电压、幅值和相位按运行要求由变频器自动调节，机组可以在不同的转速下实现恒频发电，满足用电负载和并网的要求。由于采用了交流励磁，发电机和电力系统构成了"柔性连接"，即可以根据电网电压、电流和发电机的转速来调节励磁电流，精确地调节发电机输出电压，使其能满足要求。

双馈感应发电机由定子绕组直连定频三相电网的绕线型感应发电机和安装在

转子绕组上的双向背靠背 IGBT 电压源变流器组成。

"双馈"的含义是定子电压由电网提供，转子电压由变流器提供。该系统允许在限定的大范围内变速运行。通过注入变流器的转子电流，变流器对机械频率和电频率之差进行补偿。在正常运行和故障期间，发电机的运转状态由变流器及其控制器管理。

变流器由转子侧变流器和电网侧变流器两部分组成，它们是彼此独立控制的。电力电子变流器的主要原理是转子侧变流器通过控制转子电流分量控制有功功率和无功功率，而电网侧变流器控制直流母线电压并确保变流器运行在统一功率因数（零无功功率）。

功率是馈入转子还是从转子提取取决于传动链的运行条件：在超同步状态，功率从转子通过变流器馈入电网；而在欠同步状态，功率反方向传送。在两种情况（超同步和欠同步）下，定子都向电网馈电。这种方式有以下优点。

首先，它能控制无功功率，并通过独立控制转子励磁电流解耦有功功率和无功功率控制。

其次，双馈感应发电机无须从电网励磁，而从转子电路中励磁。

最后，它还能产生无功功率，并可以通过电网侧变流器传送给定子。但是，电网侧变流器正常工作在单位功率因数，并不包含风力机与电网的无功功率交换。

直驱永磁风力发电机是一种由风力直接驱动发电机，也称无齿轮风力发动机，这种发电机采用多极电机与叶轮直接连接进行驱动的方式，免去齿轮箱这一传统部件，如图 5-14 所示。

图 5-14　永磁直驱发电机

众所周知，一般发电机要并网必须满足相位、幅频和周期同步的条件。而我国电网频率为 50 Hz，这表示发电机要发出 50 Hz 的交流电。根据电机的知识我们知道，转速、磁极对数与频率是有关系的。

$$n = 60\ f/p$$

所以当极对数恒定时，发电机的转速是一定的，因此一般双馈风机的发电机额定转速为 1800 r/min。叶轮转速一般在十几转每分钟，这就需要在叶轮与发电机之间加入增速箱。而永磁直驱发电机是增加磁极对数从而使得电机的额定转速下降，这样就不需要增速齿轮箱，故名直驱。而齿轮箱是风力发电机组最容易出故障的部件，所以永磁直驱的可靠性要高于双馈。

对于永磁直驱发电机的磁极部分是用钕铁硼的永磁磁极，原料为稀土。风轮吸收风能转化为机械能通过主轴传递给发电机发电，发出的电通过全功率变流器之后过升压变压器上网。

直驱永磁发电机与双馈异步发电机技术相比，由于不需要转子励磁，没有增速齿轮箱，效率要比双馈发电机高出 20% 以上，年发电量要比同容量的双馈机型高；增速齿轮箱故障较高，维护保养成本高，直驱永磁发电机不需要齿轮箱，易于维修保养；直驱永磁发电机采用全功率的交—直—交变频技术，与电网隔离，具有低电压穿越能力，对电网友好。

直驱永磁发电机的缺点是稀土永磁材料成本高，导致整机成本也相对较高，永磁材料在高温、震动和过电流情况下，有可能永久退磁，致使发电机整体报废，这是直驱永磁发电机的重大缺陷。

（七）偏航系统

风力机的偏航系统也称为对风装置，其作用在于当风速矢量的方向变化时，能够快速平稳地对准风向，以便风轮获得最大的风能。小微型风力机常用尾舵对风，它主要有两部分组成，一是尾翼，装在尾杆上与风轮轴平行或成一定的角度。

大中型风力机一般采用电动的偏航系统来调整风轮并使其对准风向。偏航系统一般包括感应风向的风向标、偏航电机、偏航行星齿轮减速器、偏航轴承、刹车闸等，如图 5-15 所示。其工作原理如下：

风向标作为感应元件将风向的变化用电信号传递到偏航电机的控制回路的处理器里，经过比较后处理器给偏航电机发出顺时针或逆时针的偏航命令。为了减少偏航时的陀螺力矩，电机转速将通过同轴连接的减速器减速后，将偏航力矩作用在偏航轴承大齿轮上，带动风机偏航对风，当对风完成后，风向标失去电信号，电机停止工作，偏航过程结束。

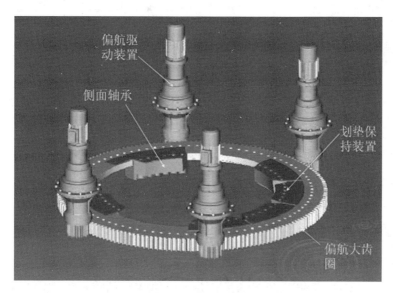

图 5-15 偏航系统

（八）风力发电机控制系统

风力发电机组控制系统是每台风机的控制核心，分散布置在机组的塔筒和机舱内。由于风电机组现场运行环境恶劣，对控制系统的可靠性要求非常高，而风电控制系统是专门针对大型风电场的运行需求而设计，应具有极高的环境适应性和抗电磁干扰等能力，其系统结构如下。

风电控制系统的现场控制站包括：塔座主控制器机柜、机舱控制站机柜、变桨距系统、变流器系统、现场触摸屏站、以太网交换机、现场总线通讯网络、UPS 电源和紧急停机后备系统等。如图 5-16 所示。

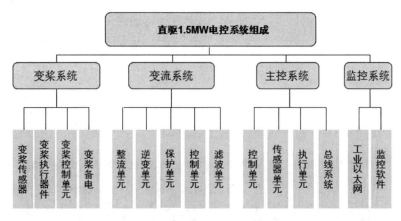

图 5-16　风力发电机控制系统

1. 塔座控制站

塔座控制站即主控制器机柜是风电机组设备控制的核心，主要包括控制器和I/O 模件等。控制器硬件采用 32 位处理器，系统软件采用强实时性的操作系统，运行机组的各类复杂主控逻辑通过现场总线与机舱控制器机柜、变桨距系统、变流器系统进行实时通讯，以使机组运行在最佳状态。

控制器的组态采用功能丰富、界面友好的组态软件，采用符合国际电工委员会制定的《可编辑逻辑控制器标准》IEC 61131—3 的组态方式，包括功能图（FBD）、指令表（LD）、顺序功能块（SFC）、梯形图和结构化文本等组态方式。

2. 机舱控制站

机舱控制站采集机组传感器测量的温度、压力、转速和环境参数等信号，通过现场总线和机组主控制站通信，主控制器通过机舱控制机架以实现机组的偏航、解缆等功能。此外，机舱控制站还对机舱内各类辅助电机、油泵、风扇进行控制以使机组工作在最佳状态。

3. 变桨距系统

大型 MW 级以上风电机组通常采用液压变桨系统或电动变桨系统。变桨系统由前端控制器对三个风机叶片的桨距驱动装置进行控制，其是主控制器的执行单元，采用 CANOPEN 与主控制器进行通信，以调节三个叶片的桨距工作在最佳状态。变桨系统有后备电源系统和安全链保护，保证在危急工况下紧急停机。

4. 变流器系统

大型风力发电机组目前普遍采用大功率的变流器以实现发电能源的变换，变流器系统通过现场总线与主控制器进行通信，实现机组的转速、有功功率和无功功率的调节。

5. 现场触摸屏站

现场触摸屏站是机组监控的就地操作站，实现风力机组的就地参数设置、设备调试、维护等功能，是机组控制系统的现场上位机操作员站。

6. 以太网交换机（HUB）

风电系统采用工业级以太网交换机，以实现单台机组的控制器、现场触摸屏和远端控制中心网络的连接。现场机柜内采用普通双绞线连接，和远程控制室上位机采用光缆连接。

7. 现场通信网络

主控制器具有 CANOPEN、PROFIBUS、MODBUS、以太网等多种类型的现场总线接口，可根据项目的实际需求进行配置。

8. UPS 电源

UPS 电源用于保证系统在外部电源断电的情况下，机组控制系统、危急保护系统和相关执行单元的供电。

9. 后备危急安全链系统

后备危急安全链系统独立于计算机系统的硬件保护措施，即使控制系统发生异常，也不会影响安全链的正常动作。安全链是将可能对风力发电机造成致命伤害的超常故障串联成一个回路。当安全链动作后将引起紧急停机、机组脱网，从而最大限度地保证机组的安全。

所有风电机组通过光纤以太网连接至主控室的上位机操作员站，实现整个风场的远程监控，上位机监控软件应具有如下功能。

（1）系统具有友好的控制界面。在编制监控软件时，充分考虑到风电场运行管理的要求，使用汉语菜单，使操作简单，尽可能为风电场的管理提供方便。

（2）系统显示各台机组的运行数据，如每台机组的瞬时发电功率、累计发电量、发电小时数、风轮及电机的转速和风速、风向等，将下位机的这些数据调入上位机，在显示器上显示出来，必要时还可以用曲线或图表的形式直观地显示出来。

（3）系统显示各风电机组的运行状态，如开机、停车、调向、手/自动控制以及大/小发电机工作等情况，通过各风电机组的状态了解整个风电场的运行情况。

（4）系统能够及时显示各机组运行过程中发生的故障。在显示故障时，能显示出故障的类型及发生时间，以便运行人员及时处理及消除故障，保证风电机组的安全和持续运行。

（5）系统能够对风电机组实现集中控制。值班员在集中控制室内，只对标明某种功能的相应键进行操作，就能对下位机进行改变设置状态和对其实施控制，如开机、停机和左右调向等。但这类操作有一定的权限，以保证整个风电场的运行安全。

（6）系统管理。监控软件具有运行数据的定时打印和人工即时打印以及故障自动记录的功能，以便随时查看风电场运行状况的历史记录。

电控系统各部分之间的关系如图 5-17 所示。

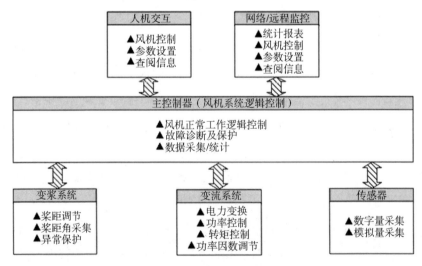

图 5-17　风力发电机控制系统各部分关系

二、直驱永磁风力发电机组冷却系统工作原理

永磁风力发电机从结构上分为直驱永磁风力发电机、半直驱永磁风力发电机和高速永磁风力风电机等。

风能使风力发电机组中的桨叶进行旋转，从而带动风力发电机组中传送系统，最终使风力发电机转子转动与定子产生切割磁力线运动，从而产生电能。由于风速的变动，永磁风力发电机组中的发电机转速一般是变动的，所以发电机发出的电流和电压是不稳定的，这时候需要在发电机的输出侧增加一套全功率变流器，将发电机发出的交流电变为直流，再由变流器逆变成一定电压的交流电送到风机外的箱变中，由箱变升压后送到风电场的升压站，最后输送到电网。

直驱永磁风力发电机通常有较多的磁极书和较大的体积，具有大体积、多极和超低速的特点。永磁电机是由多种材料构成的不均匀质体，其构成材料包括铷铁硼永磁体、永磁体固定树脂、铜线圈、硅钢片、浸漆、钢材、绝缘胶、绑带、涂制绝缘层及加固槽楔，以及填充缘导磁材料等多种材料。这些材料的温度特性和膨胀系数都各不相同。发电机在运行过程中，由于温度的变化，会导致电机的定/转子尺寸发生变化，同时因材料间膨胀系数的不同而出现热应力。

1. 温度对永磁电机定/转子内部材料的影响

直驱永磁风力发电机通常采用外转子结构，即带有磁极的转子在外，嵌有绕组的定子在内。运行时，叶轮直接驱动外转子旋转。

永磁发电机的发热量主要来自绕组电流及铁芯涡流和磁势产生的热量。电机温升主要包括定子线圈、定子铁芯和转子永磁体等处的温升。定子温度过高会导致电机绝缘能力的降低。

温度的变化使得膨胀系数有差别的材质间产生热应力，各种相邻材质间均存在径向和轴向热应力。热应力的大小取决于膨胀系数差别及温度的变化速度。当温度上升较快时，膨胀系数大的材质产生向外扩张热应力，对周围材质形成挤压，并向束缚力较小的方向扩张；当温度下降时，膨胀系数高的材质收缩较快，在达到一个较低的温度时，不同材质的物体间因收缩程度不同而留下空隙。久而

久之，电机内部会出现间隙和裂缝，使得电机振动和噪声加大，严重时会导致定子表面槽楔胀裂。由于热应力原因在转子磁轭、永磁体、固化树脂间存在的间隙或裂缝容易导致永磁体在磁轭表面发生移位或脱落。

发电机温度的降低可以减少材料的彭缩量，温度的变化速度变得缓慢而适度，使各种材质的彭缩变得缓慢并且同步彭缩，可以减小电机内部热应力。理想的温度变化在电机运行时温度保持平稳，防止电机在运行、起动或停机的过程中温度变化过快。

2. 温升对电机结构件尺寸的影响

因金属的导热性良好，绕组和铁芯的热量会很快的传导到整个定子。温度升高会使发电机铁芯及定子结构件热膨胀，热膨胀量随着材料温度的升高而加大。金属结构尺寸越大，热膨胀量越大。

受温度升高影响，定子在轴向、径向和圆周向等不同方向产生膨胀量。影响膨胀量有三个因素：材料的线性长度 L、材料的温度 t、材料的膨胀系数 α（固态物质的温度改变 1℃，其长度的变化与它在 0℃ 时的长度之比）。

物质的长度改变量 △L 与温度改变量 △t 成正比，也与物体的原来的长度 L 成正比，即：

$$\triangle L = \alpha \cdot L \cdot \triangle t$$

永磁电机定子结构件通常选用 Q345-C 结构钢、碳钢、低合金钢等，线膨胀系数为：$\alpha = 11.2 \times 10^{-6}$（1/℃）。由此可知，减小定子温度改变量，可减小定子径向、轴向和圆周向的热膨胀量。

在常温环境下，直驱永磁电机定子/转子间隙非常小，在 4.0~5.5 mm。定子径向、轴向和圆周向热膨胀尺寸过大，会使工作状态下的电机定/转子间隙减小，增加了"扫堂"的可能性。定子温度分布不均匀会导致定子结构的不对称变形。不对称变形对定子结构件的圆度、铁芯叠片的叠加作用、绕组的绝缘会产生影响。减小定子不同区域的温度差，可以有效降低不对称变形，有利于铁芯叠片和绕组的绝缘稳定。因此，在调节永磁电机运行温度过程中，既要保证定子不过温，还要减少不同区域定子的温度差。

考虑到直驱永磁电机的尺寸较大，为确保电机整体的均匀冷却，减小定子结构件不同区域的温度梯度，应采用多散热通风道的冷却方式。

3. 温度对转子永磁体和磁极的影响

永磁体铷铁硼是磁性很高的永磁材料，其磁能积 BH（kJ/m³）和矫顽力 Hc（kA/m）值很高。但铷铁硼温度性能不佳，居里温度较低（310~410℃）。温度超过居里点，铷铁硼材料变为顺磁材料，磁性彻底消失。在高温下磁损失较大，温度超过180℃时，磁性衰减很多。

温度过高还会降低固定永磁体的固化树脂硬度，降低磁钢附着在磁轭表面的稳固度，严重时会造成永磁磁极的脱落。降低永磁电机运行时的温度，可有效地减少由定子热传导及热辐射传递给转子的热量，减小转子的温升。

风力发电机组永磁电机的工作温度主要受到输出功率、环境温度和冷却系统性能三个因素的影响。输出功率的大小取决于发电状态下风速的大小，环境温度的高低取决于天气的变化，只有冷却系统是可控因素。大功率直驱永磁电机大多采用空空冷却系统，冷却方式有：自然风冷、强制风冷和转子自带风扇冷却。

（1）自然风冷方式。这种冷却方式只能运用在直驱永磁风力发电机上，定子铁芯和定子机座内壁通过鸽尾筋进行连接。定子铁芯外圆与定子机座内壁相接触，定子座壁的厚度在满足强度要求的情况下尽量变薄。在定子机座壁的外部焊接若干的散热筋，以便增大散热面积。这种冷却方式的主要原理在于当风机桨叶在一定的风量带动下进行选择。此时，风也会吹到定子机座外壁上，由此达到冷却电机的作用。当风速增大时，电机发出的热量也增大，但是此时机座达到的冷却效果也相应增加，可以到达冷却电机的要求。

（2）强制风冷方式。这种冷却方式多用于直驱或半直驱风力发电机中，通过在电机的端盖上或电机的上部安装若干个冷却风机向电机内部吹入温度较低的空气。该低温空气流经发电机内部带走热量后，通过冷却器进行热交换，从而达到冷却电机的效果。直驱永磁风力发电机及半直驱永磁风力发电机多采用此种方式，如图5-18所示。

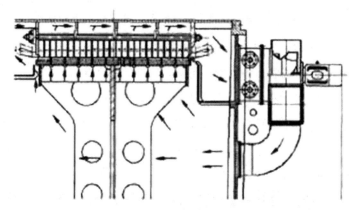

图 5-18 风力发电机强制风冷示意图

（3）转子自带风扇冷却方式。这种冷却方式是通过转子上所带风扇，与转子同速转动带动电机内部的空气达到冷却效果。电机采用的风扇为轴流风扇或离心风扇，通过风扇的转动将电机内部的热量通过电机背部自动的空空冷却器（空气与空气接触散热）进行热交换带走，达到冷却电机的效果。高速永磁风力发电机多采用此种冷却方式，如图 5-19 所示。

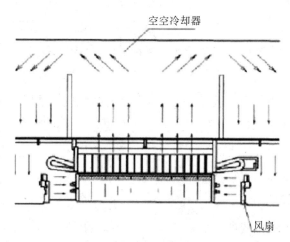

图 5-19 风力发电机自带风扇冷却示意图

三、双馈风力发电机组冷却系统工作原理

在风力发电机在运行过程中，风力发电机组的齿轮箱、发电机、变流器、变

压器、刹车机构、调向装置和变桨系统等部件或者子系统都会产生热量。不同部件产生热量的大小取决于部件类型和各部件的加工工艺及运行条件。在双馈发电机组中，主要散热部件有发电机、齿轮箱和变流器。

（一）发电机散热

发电机是风力发电机组的"心脏"，在风力发电机组运行时会释放大量的热量。热量的主要来源是发电机工作时其内部产生的各种损坏，包括铜损、铁损、励磁损耗和机械损耗。

发电机铜损主要包括绕组导线中的铜损耗（常称为基本铜损耗）和槽内横向漏磁通使导线截面上电流分布不均匀所增加的附加铜损耗。

铁损耗包括转子表面损耗、转子磁场中的高次谐波在定子上产生的附加损耗、齿内脉振损耗、定子谐波磁势磁通在转子表面上产生的损耗，以及定子端部的附加损耗。

励磁损耗主要是指维持电机励磁所产生的损耗，是励磁绕组中的铜耗和励磁回路中元件损耗；机械损耗主要是轴承损耗和通风损耗（包括风磨损耗）及碳刷损耗。

齿轮箱在运转中，由于机械传动过程中存在功率损失，损失的功率转换为热量，导致齿轮箱的油温上升。若温度上升过高，将会引起润滑油的性能变化，如黏度降低、老化变质加快和换油周期变短等一系列后果。如果在负荷压力作用下，若润滑油性能下降致使润滑油膜遭到破坏而失去润滑作用，会导致齿轮啮合面或轴承表面损耗，最终造成设备事故。因此控制齿轮箱的温升是保证风电齿轮箱持久可靠运行的必要条件。冷却系统应能有效地将齿轮动力传输过程中发出的热量散发到空气中去。

此外，在冬季如果长期处于0℃以下时，应考虑给齿轮箱的润滑油加热，以保证润滑油不至于在低温粘度变低时无法飞溅到高速轴轴承上进行润滑而造成高速轴轴承损坏。目前，大型风力发电机组齿轮箱均带有强制润滑冷却系统和加热器，但在一些气温很少低于0℃的地区则无须考虑加热器。

变频器由系统运行进行实时监控的控制设备，以及对发电机转子绕组输入电流与发电机输出电流进行变频处理的变频设备组成。随着风力发电机的发展，系统的辅助及控制装置越来越多，控制变频器所承担的任务也因此越来越复杂，产生的热量也越来越大。为了保护风力发电机系统各部件的长期稳定运行，需要及时对控制变频器进行冷却处理。

（二）双馈风力发电机的冷却方式

由于风力电机系统的机组散热量来自机组内各个组件，因此对机组采用的冷却方式取决于机组所选用的设备类型、散热量大小和各组件在机舱内部的位置等因素。冷却方式设计具有灵活性和多样性，如图 5-20 和图 5-21 所示。目前，批量生产的双馈风力发电机组采用较多的是强制风冷和液冷的冷却方式。其中，功率较小的风力发电机组大多为强制风冷方式。大型风力发电机组由于其散热量较大，一般采用循环液冷的方式才能满足冷却要求。

强制空冷利用的是空气强迫对流的对流换热系数大于自然对流的对流换热系数，其换热效果要大于自然通风冷却。一般在自然通风冷却无法满足冷却需求的条件下，须在风力发电机内部装设风扇等强制扰流装置。当风力发电机机舱内控制点空气温度超过设定值时，连接机舱与外界的片状阀将开启，利用风扇对机组内各部件进行强制鼓风，以达到对机组的冷却作用。由于强制风冷机组依靠强制通风来冷却机组，机组通风系统的好坏将直接影响机组的冷却效果，与机组的安全稳定运行密不可分，因此通风系统的设计对冷却系统尤为重要。风路设计是否合理、通风是否顺畅，能否有效带走机组内各发热部位的热量，对机组的性能有很大的影响。

强制风冷系统在具体实施时还可根据系统散热量的大小选用不同的冷却方式。一般功率在 300 kW 以下的风电机齿轮箱，多数是靠齿轮转动搅油飞溅润滑。齿轮箱的热平衡受机舱内通风条件的影响较大，且发电机与控制系统的散热量较小，因此可在齿轮箱高速轴上装冷却风扇。随齿轮箱运转鼓风强化散热，同时还可加大机组内部通风空间和绕组内部风道，增大热交换面积，达到对系统各部件冷却的效果。对于功率在 300 kW 以上的风电机，齿轮箱与发电机所产生的热量有较大增加。对于齿轮箱而言，仅依靠在高速轴上装冷却风扇或在箱体上增加散热片不足以控制住温升。只有采用循环供油润滑强制冷却才能解决问题，即在齿轮箱配置循环润滑冷却系统和监控装置，用油泵强制供油、润滑油经过滤和电动机鼓风冷却再分配到各个润滑点，使齿轮箱油温保护在允许的最高温度以下。这种循环润滑冷却方式较为完善可靠，但对齿轮箱而言，增加了一套附属装置，所需费用大约为一台齿轮箱价格的 10%。300 kW 以上发电机的散热则通过设置内、外风扇产生冷却风对其表面进行冷却。当控制系统的散热量较小时，可由机舱内部空气对其进行冷却；当控制系统的散热量较大时，可在控制系统外部设置换热器，或与发电机共用一个换热器。由冷却介质将产生的热量带走，从而达到对控制系统的温度控制。

图 5-20　某型强制空冷发电机

图 5-21　某型液冷发电机

理论上风扇的风量大、风速高对进一步降低发电机温升有好处，但这会导致冷却风扇尺寸过大，进而增大了发电机风摩耗，使发电机效率降低。因此在设计时，须合理确定风扇尺寸，使发电机的风摩耗能控制在较低水平而又能保证其温升符合要求。

与其他冷却方式相比，风冷系统具有结构简单、初投资与运行费用都较低、利于管理与维护等优点，然而其制冷效果受气温影响较大，制冷量较小，同时由于机舱要保持通风，导致风沙和雨水侵蚀机舱内部件，不利于机组的正常运行。随着机组功率的不断增加，采用强制风冷已难以满足系统冷却要求，于是液冷系统应运而生。

由热力学知识可知，冷却系统中的热平衡方程式为：

$$Q = q_m c_p \left(t_2 - t_1 \right)$$

上式中：Q——为系统的总散热量；q_m——为冷却介质的质量流量；c_p——为冷却介质的平均定压比热容；t_1 与 t_2——分别为冷却介质的进口与出口温度。

由于液体工质的密度与比热容都远远大于气体工质，因此冷却系统采用液体冷却介质时能够获得更大的制冷量而结构更为紧凑，能有效解决风冷系统制冷量小与体积庞大的问题，其工作原理如图5-22所示。

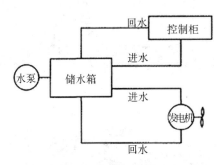

图5-22　风力发电机液冷系统工作原理

当双馈水冷风力发电机在机舱内工作时，机舱内设有一个水箱用来盛装冷却介质，冷却介质通过水泵加压，被发送到管道里。管道分为两个支路，一条支路通向主控变频柜，另外一条支路通向发电机。发电机机壳内设有循环水路，冷却介质经循环水路与发电机进行热交换，对发电机进行冷却。

与采用风冷冷却的风力发电机相比，采用液冷系统的风力发电机组结构更为紧凑，制冷量更大，可以满足如今风力发电机组单机容量不断加大，散热量大增而不断提出的冷却需求。

采用液冷系统的发电机虽然增加了换热器与冷却介质的费用，但也同时大大提高了发电机的冷却效果，从而进一步提高了发电机的工作效率，提高了风力发电机的功率。采用液冷系统另外一个的显著优点是，液冷系统的冷却设计允许机舱设计成密封型，避免了风力发电机组在运行时机舱内风沙和雨水的侵入，减少了舱内设备的腐蚀和故障率，给机组创造了有力的工作环境，还延长了设备的使用寿命。

目前，冷却系统中常用的冷却介质是水和乙二醇水溶液。与水相比，乙二醇水溶液具有更好的防冻特性，且通过添加稳定剂、防腐剂等方式可以使其换热性能与水相当。根据机型使用场合的气候要求，冬季环境最低温度一般为−35℃。为保证冷却系统在冬季运行时不结霜，根据表5-1可知，60%的乙二醇溶液就可能够满足冷却系统的使用要求。

表5-1　乙二醇溶液不同浓度下的冰点

浓度（%）	0	5	10	20	30	40	50	60	70	80	90
冰点（℃）	0	−2	−4.3	−9	−17	−26	−38	−50.1	−48.5	−41.8	−26.8

四、风电机组水冷系统温度传感器、压力传感器的接线方法

（一）发电机绕组温度传感器接线方法

发电机在运行过程中，需要监测各相绕组的温升情况，以便对电机进行停机保护。

由于自然风冷发电机无外设散热系统，故只须要将发电机温度传感器线缆按照电气原理图要求接入控制柜对应端子，温度传感器电缆排布按照电气工艺指导书执行。

发电机温度传感器一般采用三线制PT100。将发电机定子中引出的绕组温度传感器穿入到发电机温度传感器接线盒中，从接线盒PG锁母算起，预留合适长度后，将多余部分剪去，但要保留线缆上的标示或线号。

1. 安装注意事项

（1）严格按照接线图所示的对应关系完成PT100接线盒A和B内部接线。

（2）使用端子将温度传感器按照图纸要求接入到对应端子，如图5-23

所示。

图 5-23 接线盒接线图

(二) 强制风冷发电机冷却系统的接线方法

强制风冷通过在发电机的上部安装若干个冷却风机或者在发电机外部安装一套风冷系统，向发电机内部吹入温度较低的空气。该低温空气流经发电机内部带走热量后通过冷却器进行热交换，从而达到冷却发电机的效果。

如图 5-24 所示，下面就以某公司外部风冷系统为例，介绍其接线方法。

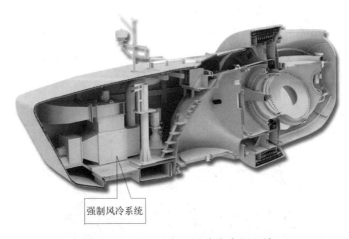

图 5-24 某公司强制风冷发电机系统

该强制风冷系统有两套散热器构成，每套散热器分为内循环和外循环。如图5-25 所示，内循环和外循环分别安装有散热电机及温度传感器。

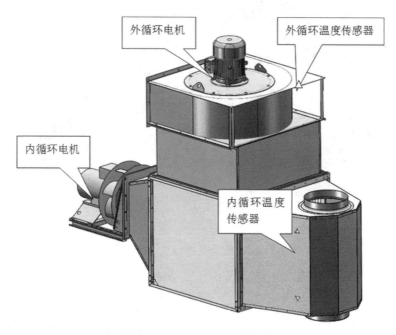

图 5-25　某强制风冷散热器

1. 内循环和外循环电机接线

首先，要根据电气原理图及电缆配置清单要求，选择正确的电缆。电机一般采用三角形接法，并且有热敏保护电阻。

将电机动力电缆根据工艺要求剥除外层绝缘层，根据接线柱，压接不同型号的环形预绝缘端子。按照线号 1、2、3 或者棕、蓝、黑对应接到 U1、V1、W1 接线柱，4 号线或者黄绿线接地。

热敏电阻信号线剥除屏蔽层后，使用热缩管防护，并将线号为 1、2 或者棕、蓝接入电机的热敏接线端子 P1 和 P2。电机内部接线如图 5-26 所示。电缆走向按照电气安装布线作业指导书要求布线。

图 5-26　散热电机内部接线

2. 温度传感器接线

温度传感器为铠装 PT100。根据研发设计图纸中安装位置的要求，在散热器内循环和外循环进出口处开孔，安装温度传感器，如图 5-27 和图 5-28 所示。

图 5-27　外循环温度传感器

图 5-28　内循环温度传感器

内循环和外循环电机的为由变频器控制的可变速电机。将内循环和外循环电机动力电缆和热敏保护电缆接入变频柜。根据线径，选择合适的管型预绝缘端子。按照图纸或者接线工艺要求，将电机动力电缆和热敏保护电缆分别接入对应端子排，如图 5-29 所示。

图 5-29　变频器内接线

内循环和外循环温度传感器电缆走向根据布线工艺要求排布，并接入温度监测箱内。用一个 0.75 mm² 的管型预绝缘端子将两根红色线压接在一起，使用一个 0.5 mm² 的管型预绝缘端子将传感器银色线压接。屏蔽线使用一个 0.75 mm² 的管型预绝缘端子压接并使用热缩管防护。将温度传感器根据图纸或接线工艺要求，接入对应端子，如图 5-30 所示。

图 5-30　内循环和外循环温度传感器接线

至此，此套强制风冷系统电气接线完成。

（三）液冷发电机接线

大部分 MW 级双馈发电机采用液冷方式，主要冷却液为乙二醇和防腐抑制剂混合物。通过热泵系统，驱动冷却液在发电机内流动。其结构如图 5-31 所示。

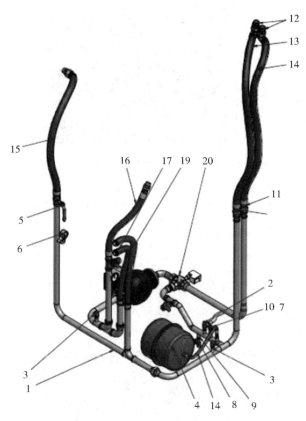

1—回程管理；2—隔膜安全阀；3—温度传感器 Pt100；4—储能灌；5—球阀；6—压力表；
7—异径管接头；8—排水管；9—双向短接灌；10—压力传感器；11—接头套管；12—直通管接头；
13—散热器供水软管；14—增压容器承压软管；15—发电机回程软管；16—发电机供水软管；
17—NCC3xx供水软管；18—散热器回程软管；19—NCC3xx回程软管；20—三通阀

图 5-31　发电机水冷系统

在液冷发电机系统中，需要接线的器件分别如下所示。

（1）环水泵电机。采用三角形接法，动力电源线号1、2、3分别接到电机内部接线盒的 U1、V1、W1 接线柱，4 号线接 PE。

（2）散热器风扇电机。采用三角形接法，动力电源线号 1、2、3 或者棕、蓝、黑分别接到电机内部接线盒的 U1、V1、W1 接线柱，4 号线或黄绿线接 PE。

（3）温度传感器 PT100。用一个 0.75 mm² 的管型预绝缘端子将 2 根红色线压接在一起，使用一个 0.5 mm² 的管型预绝缘端子将传感器银色线压接，屏蔽线使用一个 0.75 mm² 的管型预绝缘端子压接并使用热缩管防护。按照图纸或接线工艺要求，将传感器接入相应端子。

（4）压力传感器。采用压阻式传感器，可以实时将管路的压力信号传输至控制端。采用两线制，分别将线号 1、2 接到压力传感器的 1 号和 3 号端子，黄绿线接 PE。

（5）三通阀。三通阀接线使用 7 芯线缆，按照图纸要求，分别将线号为 1、2、3、4、5、6、7 接到三通阀的对应端子上。

（6）加热器。在水温低于设定温度时，需要对冷却水进行加热。加热器一般安装在发电机内部或水冷系统。

加热器一般使用 220 V 电压，功率根据所需加热量不同而有所差异。使用 2 芯线，分别将棕、蓝线接到加热器的 L 和 N 端子，黑色线接 PE。

电缆走向按照电气接线工艺要求排布，完成接线后，须再次核对接线是否有误。图 5-32 和图 5-33 所示，为水循环系统和外部散热器接线。

图 5-32 发电机冷却水循环系统

图 5-33 散热器

（四）齿轮箱接线

齿轮箱作为风力发电机的重要部件，其工作状态和工作安全关系到整套发电机设备的正常运行。

齿轮箱的润滑是十分重要的，良好的润滑能够对齿轮和轴承起到足够保护作用，通常采用飞溅润滑或强制润滑。大型风力发电机齿轮箱一般以强制润滑为主，因此配备可靠的润滑系统尤为重要。在机组润滑系统中，齿轮泵从油箱将油液经滤油器输送到齿轮箱的润滑系统，对齿轮箱的齿轮和传动件进行润滑。管路上装有各种监控装置，以确保齿轮箱在运转过程中不会出现断油。齿轮箱润滑及冷却系统如图 5-34 所示。

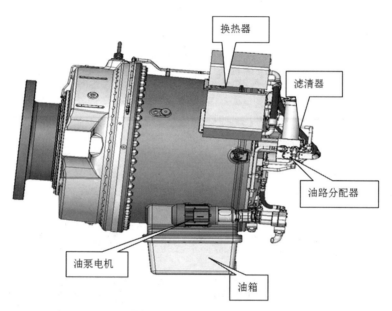

图 5-34　齿轮箱润滑系统

在齿轮箱润滑系统中，主要的电气设备有油泵电机、换热器风扇电机、油泵待机加热器、齿轮箱加热器、换热器待机加热器、齿轮箱油位传感器、齿轮箱润滑油压力传感器、齿轮箱润滑油温度传感器、换热器温度传感器和滤清器压力传感器。

油泵电机和换热器电机均采用三线电机，并且可以实现星形接法和三角形接法的切换。电缆一般选择 7 芯，线号 1、2、3 分别接到 U1、V1、W1 接线柱，线号 4、5、6 分别接到 V2、U2、W2 接线柱。7 号线接到 PE 接地点。电缆排布按照电气布线工艺要求完成。

油泵待机加热器和换热器待机加热器均采用一火线和一零线供电方式，选择电缆为三芯电缆，分别将棕、蓝、黑分别接到加热器的 L、N 和接地端子。电缆排布按照电气布线工艺要求完成。

齿轮箱加热器采用三线供电方式，选择电缆为耐高温 4 芯电缆，分别将线号为 1、2、3 号线接入到加热器的 L1、L2、L3 接线柱，线号 4 接地，如图 5-35 所示。

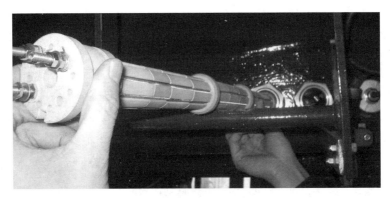

图 5-35 齿轮箱加热器

齿轮箱温度传感器主要包括齿轮箱油温度传感器、齿轮箱油入口温度、齿轮箱前、后轴温度传感器和换热器温度传感器。传感器类型均为 PT100。接线时，用一个 0.75 mm^2 的管型预绝缘端子将两根红色线压接在一起，使用一个 0.5 mm^2 的管型预绝缘端子将传感器银色线压接，屏蔽线使用一个 0.75 mm^2 的管型预绝缘端子压接并使用热缩管防护。按照图纸或接线工艺要求，将传感器接到相应端子。

齿轮箱润滑油传感器和滤清器压力传感器采用压阻式，采用 2 芯电缆，分别将线号 1、2 接入压力传感器的"+"和"−"。屏蔽层使用热缩管防护后，接入到 PE 端子。电缆排布按照电气布线工艺要求完成。

齿轮箱油位传感器安装在齿轮箱的后端。通过这个油位传感器，控制系统可以对齿轮箱内部润滑油的油位进行时时监控。当油位低于系统设定值时，系统会自动发出报警以便添加润滑油。油位传感器采用 2 芯电缆，分别将线号 1、2 接入油位传感器的"1"和"2"。屏蔽层使用热缩管防护后，接入 PE 端子。电缆排布按照电气布线工艺要求完成。

第二节　控制系统装配

一、PLC 简介

可编程控制器（Programmable Logic Controller，PLC），是指以计算机技术为基础的新型工业控制装置。在 1987 年国际电工委员会（International Electrical Committee）颁布的 PLC 标准草案中对 PLC 做了如下定义。

PLC 是一种专门为在工业环境下应用而设计的数字运算操作的电子装置。它采用可以编制程序的存储器，用来在其内部存储执行逻辑运算、顺序运算、计时、计数和算术运算等操作的指令，并能通过数字式或模拟式的输入和输出，控制各种类型的机械或生产过程。PLC 及其有关的外围设备都应该按易于与工业控制系统形成一个整体，易于扩展其功能的原则而设计，见图 5-36。

图 5-36　某型 PLC

（一）PLC 的发展历史

在可编程控制器出现前，在工业电气控制领域中，继电器控制占主导地位，并且应用广泛。但是电器控制系统存在体积大、可靠性低、查找和排除故障困难等缺点，特别是其接线复杂且不易更改，对生产工艺变化的适应性差。

1968年，美国通用汽车公司（G.M）为了适应汽车型号的不断更新，生产工艺不断变化的需要，实现小批量、多品种生产，希望能有一种新型工业控制器，它能做到尽可能减少重新设计和更换电器控制系统及接线，以降低成本、缩短周期。于是就设想将计算机功能强大、灵活、通用性好等优点与电器控制系统简单易懂、价格便宜等优点结合起来，研制成一种通用控制装置，而且这种装置采用面向控制过程和面向问题的"自然语言"进行编程，使不熟悉计算机的人也能很快掌握使用。

1969年，美国数字设备公司（DEC）根据美国通用汽车公司的这种要求，研制成功了世界上第一台可编程控制器，并在通用汽车公司的自动装配线上试用。试用取得了很好的效果，从此这项技术迅速发展起来。

早期的可编程控制器仅有逻辑运算、定时和计数等顺序控制功能，只是用来取代传统的继电器控制，通常称为可编程逻辑控制器（Programmable Logic Controller）。随着微电子技术和计算机技术的发展，20世纪70年代中期微处理器技术应用到PLC中，使PLC不仅具有逻辑控制功能，还增加了算术运算、数据传送和数据处理等功能。

20世纪80年代以后，随着大规模和超大规模集成电路等微电子技术的迅速发展，16位和32位微处理器应用于PLC中，使PLC得到迅速发展。PLC不仅控制功能增强，同时可靠性提高，功耗和体积减小，成本降低，编程和故障检测更加灵活方便，而且具有通信和联网、数据处理和图像显示等功能，使PLC真正成为具有逻辑控制、过程控制、运动控制、数据处理和联网通信等功能的多功能控制器。

PLC的发展过程大致可以分为如下四个阶段。

（1）1970～1980年，PLC的结构定型阶段。在这一阶段，由于PLC刚诞生，各种类型的顺序控制器不断出现（如逻辑电路型、1位机型、通用计算机型、单板机型等），但迅速被淘汰。最终以微处理器为核心的现有PLC结构形成并取得了市场的认可，得以迅速发展推广。PLC的原理、结构、软件和硬件趋向统一与成熟，PLC的应用领域由最初的小范围、有选择使用，逐步向机床、生产线扩展。

（2）1980~1990 年，PLC 的普及阶段。在这一阶段，PLC 的生产规模日益扩大，价格不断下降，PLC 被迅速普及。各 PLC 生产厂家产品的价格、品种开始系列化，并且形成了 I/O 点型、基本单元加扩展块型、模块化结构型这三种延续至今的基本结构模型。PLC 的应用范围开始向顺序控制的全部领域扩展。比如三菱公司本阶段的主要产品有 F/F1/F2 小型 PLC 系列产品、K/A 中大型 PLC 系列产品等。

（3）1990~2000 年，PLC 的高性能与小型化阶段。在这一阶段，随着微电子技术的进步，PLC 的功能日益增强，PLC 的 CPU 运算速度大幅度上升、位数不断增加，使得适用于各种特殊控制的功能模块不断被开发，PLC 的应用范围由单一的顺序控制向现场控制拓展。此外，PLC 的体积大幅度缩小，出现了各类微型化 PLC。三菱公司本阶段的主要产品有 FX 小型 PLC 系列产品、AIS/A2US/Q2A 中大型 PLC 系列产品等。

（4）2000 年至今，PLC 的高性能与网络化阶段。在本阶段，为了适应信息技术的发展与工厂自动化的需要，PLC 的各种功能不断进步。一方面，PLC 在继续提高 CPU 运算速度和位数的同时，还开发了适用于过程控制、运动控制的特殊功能与模块，使 PLC 的应用范围开始涉及工业自动化的全部领域。与此同时，PLC 的网络与通信功能得到迅速发展。PLC 不仅可以连接传统的编程与通入/输出设备，还可以通过各种总线构成网络，为工厂自动化奠定了基础。三菱公司本阶段的主要产品有 FX 小型 PLC 系列产品（包括最新的 FX3u 系列产品）、Qn/QnPH 中大型 PLC 系列产品等。

（二）PLC 基本结构

PLC 基本组成包括中央处理器（CPU）、存储器、输入/输出接口（缩写为 I/O，包括输入接口、输出接口、外部设备接口、扩展接口等）、外部设备编程器及电源模块组成，如图 5-37 所示。PLC 内部各组成单元之间通过电源总线、控制总线、地址总线和数据总线连接。PLC 外部则根据实际控制对象配置相应设备与控制装置构成 PLC 控制系统。

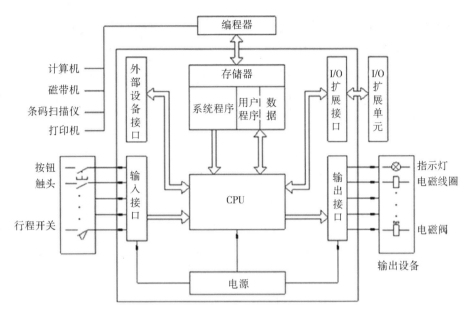

图 5-37　PLC 的基本组成

1. 中央处理器

中央处理器（CPU）由控制器、运算器和寄存器组成并集成在一个芯片内。CPU 通过数据总线、地址总线、控制总线和电源总线与存储器、输入输出接口、编程器和电源相连接。

小型 PLC 的 CPU 采用 8 位或 16 位微处理器或单片机，如 8031 和 M68000 等，这类芯片价格很低；中型 PLC 的 CPU 采用 16 位或 32 位微处理器 或单片机，如 8086 系列单片机等，这类芯片主要特点是集成度高、运算速度快且可靠性高；而大型 PLC 则需采用高速位片式微处理器。CPU 按照 PLC 内系统程序赋予的功能指挥 PLC 控制系统完成各项工作任务。

2. 存储器

PLC 内的存储器主要用于存放系统程序、用户程序和数据等。

（1）系统程序存储器。PLC 系统程序决定了 PLC 的基本功能，该部分程序由 PLC 制造厂家编写并固化在系统程序存储器中，主要有系统管理程序、用户指令解释程序和功能程序与系统程序调用等部分。

系统管理程序主要控制 PLC 的运行，使 PLC 按正确的次序工作；用户指令解释程序将 PLC 的用户指令转换为机器语言指令，传输到 CPU 内执行；功能程序与系统程序调用则负责调用不同的功能子程序及其管理程序。

系统程序属于需长期保存的重要数据，所以其存储器采用 ROM 或 EPROM。ROM 是只读存储器，该存储器只能读出内容，不能写入内容，ROM 具有非易失性，即电源断开后仍能保存已存储的内容。

EPEROM 为可电擦除只读存储器，须用紫外线照射芯片上的透镜窗口才能擦除已写入内容，可电擦除可编程只读存储器还有 E2PROM、FLASH 等。

（2）用户程序存储器。用户程序存储器用于存放用户载入的 PLC 应用程序，载入初期的用户程序因需修改与调试，所以称为用户调试程序，存放在可以随机读写操作的随机存取存储器 RAM 内，以方便用户修改与调试。

通过修改与调试后的程序称为用户执行程序，由于不需要再作修改与调试，所以用户执行程序就被固化到 EPROM 内长期使用。

（3）数据存储器。PLC 运行过程中需生成或调用中间结果数据（如输入/输出元件的状态数据、定时器、计数器的预置值和当前值等）和组态数据（如输入输出组态、设置输入滤波、脉冲捕捉、输出表配置、定义存储区保持范围、模拟电位器设置、高速计数器配置、高速脉冲输出配置、通信组态等）。这类数据存放在工作数据存储器中，由于工作数据与组态数据不断变化，且不需要长期保存，所以采用随机存取存储器 RAM。

RAM 是一种高密度、低功耗的半导体存储器，可用锂电池作为备用电源，一旦断电就可通过锂电池供电，保持 RAM 中的内容。

3. 接口

输入输出接口是 PLC 与工业现场控制或检测元件和执行元件连接的接口电路。PLC 的输入接口有直流输入、交流输入、交直流输入等类型；输出接口有晶体管输出、晶闸管输出和继电器输出等类型。晶体管和晶闸管输出为无触点输出型电路，晶体管输出型用于高频小功率负载、晶闸管输出型用于高频大功率负载；继电器输出为有触点输出型电路，用于低频负载。

现场控制或检测元件输入给 PLC 各种控制信号，如限位开关、操作按钮、选择开关和其他一些传感器输出的开关量或模拟量等，通过输入接口电路将这些信号转换成 CPU 能够接收和处理的信号。输出接口电路将 CPU 送出的弱电控制信号转换成现场需要的强电信号输出，以驱动电磁阀、接触器等被控设备的执行元件。

（1）输入接口。输入接口用于接收和采集两种类型的输入信号，一类是由按钮、转换开关、行程开关、继电器触头等开关量输入信号；另一类是由电位器、测速发电机和各种变换器提供的连续变化的模拟量输入信号。

如图 5-38 所示的直流输入接口电路为例，R1 是限流与分压电阻，R2 与 C 构成滤波电路，滤波后的输入信号经光耦合器 T 与内部电路耦合。当输入端的按钮 SB 接通时，光耦合器 T 导通，直流输入信号被转换成 PLC 能处理的 5V 标准信号电平（简称 TTL），同时 LED 输入指示灯亮，表示信号接通。微电脑输入接口电路一般由寄存器、选通电路和中断请求逻辑电路组成，这些电路集成在一个芯片上。交流输入与交直流输入接口电路与直流输入接口电路类似。

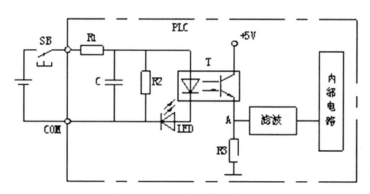

图 5-38　直流输入接口电路

滤波电路用以消除输入触头的抖动，光电耦合电路可防止现场的强电干扰进入 PLC。由于输入电信号与 PLC 内部电路之间采用光信号耦合，所以两者在电气上完全隔离，使输入接口具有抗干扰能力。现场的输入信号通过光电耦合后转换为 5V 的 TTL 送入输入数据寄存器，再经数据总线传送给 CPU。

（2）输出接口。输出接口电路向被控对象的各种执行元件输出控制信号。常用执行元件有接触器、电磁阀、调节阀（模拟量）、调速装置（模拟量）、指示灯和数字显示装置和报警装置等。输出接口电路一般由微电脑输出接口电路和功率放大电路组成。与输入接口电路类似，内部电路与输出接口电路之间采用光电耦合器进行抗干扰电隔离。

微电脑输出接口电路一般由输出数据寄存器、选通电路和中断请求逻辑电路集成在芯片上。CPU 通过数据总线将输出信号送到输出数据寄存器中，功率放大电路是为了适应工业控制要求，将微电脑的输出信号放大。

（3）其他接口。若主机单元的 I/O 数量不够用，可通过 I/O 扩展接口电缆与 I/O 扩展单元（不带 CPU）相接进行扩充。PLC 还常配置连接各种外围设备的接口，可通过电缆实现串行通信、EPROM 写入等功能。

4. 编程器

编程器作用是将用户编写的程序下载至 PLC 的用户程序存储器，并利用编程器检查、修改和调试用户程序，监视用户程序的执行过程，显示 PLC 状态、内部器件及系统的参数等。

编程器有简易编程器和图形编程器两种。简易编程器体积小、携带方便，但只能用语句形式进行联机编程，适合小型 PLC 的编程及现场调试。图形编程器既可用语句形式编程，又可用梯形图编程，同时还能进行脱机编程。

目前，PLC 制造厂家大都开发了计算机辅助 PLC 编程支持软件。当个人计算机安装了 PLC 编程支持软件后，可用作图形编程器，进行用户程序的编辑、修改，并通过个人计算机和 PLC 之间的通信接口实现用户程序的双向传送、监控 PLC 运行状态等。

5. 电源

PLC 的电源将外部供给的交流电转换成供 CPU、存储器等所需的直流电，是整个 PLC 的能源供给中心。PLC 大都采用高质量的工作稳定性好、抗干扰能力强的开关稳压电源。许多 PLC 电源还可向外部提供直流 24V 稳压电源，用于向输入接口上的接入电气元件供电，从而简化外围配置。

（四）PLC 工作原理

1. 扫描技术

当 PLC 控制器投入运行后，其工作过程一般分为输入采样、用户程序执行和输出刷新三个阶段。完成上述三个阶段称作一个扫描周期。在整个运行期间，PLC 控制器的 CPU 以一定的扫描速度重复执行上述三个阶段。

2. 输入采样阶段

在输入采样阶段，PLC 控制器以扫描方式依次地读入所有输入状态和数据，并将它们存入 I/O 映象区中的相应得单元内。输入采样结束后，转入用户程序执行和输出刷新阶段。在这两个阶段中，即使输入状态和数据发生变化，I/O 映像区中的相应单元的状态和数据也不会改变。因此，如果输入是脉冲信号，则该脉冲信号的宽度必须大于一个扫描周期，才能保证在任何情况下该输入均能被读入。

3. 用户程序执行阶段

在用户程序执行阶段，PLC 控制器总是按由上而下的顺序依次地扫描用户程序（梯形图）。在扫描每一条梯形图时，总是先扫描梯形图左边的由各触点构成的控制线路，并按先左后右、先上后下的顺序对由触点构成的控制线路进行逻辑运算，然后根据逻辑运算的结果，刷新该逻辑线圈在系统 RAM 存储区中对应位的状态；或者刷新该输出线圈在 I/O 映像区中对应位的状态；或者确定是否要执行该梯形图所规定的特殊功能指令。在用户程序执行过程中，只有输入点在 I/O 映像区内的状态和数据不会发生变化，而其他输出点和软设备在 I/O 映象区或系统 RAM 存储区内的状态和数据都有可能发生变化，而且排在上面的梯形图，其程序执行结果会对排在下面的凡是用到这些线圈或数据的梯形图起作用；相反，排在下面的梯形图，其被刷新的逻辑线圈的状态或数据只能到下一个扫描周期，才能对排在其上面的程序起作用。

4. 输出刷新阶段

当扫描用户程序结束后，PLC 控制器就进入输出刷新阶段。在此期间，CPU 按照 I/O 映象区内对应的状态和数据刷新所有的输出锁存电路，再经输出电路驱动相应的外设，这时才是 PLC 控制器的真正输出。

同样的若干条梯形图，其排列次序不同，执行的结果也不同。另外，采用扫描用户程序的运行结果与继电器控制装置的硬逻辑并行运行的结果有所区别。当然，如果扫描周期所占用的时间对整个运行来说可以忽略，那么二者之间就没有什么区别了。

一般来说，PLC 控制器的扫描周期包括自诊断和通信等，即一个扫描周期等于自诊断、通信、输入采样、用户程序执行和输出刷新等所有时间的总和。

（五） PLC 分类

PLC 产品种类繁多，其规格和性能也各不相同。对 PLC 的分类，通常根据其结构形式的不同、功能的差异和 I/O 点数的多少等进行大致分类。

1. 按结构形式分类

根据 PLC 的结构形式，可将 PLC 分为整体式和模块式两类。

（1）整体式 PLC。整体式 PLC 是将电源、CPU、I/O 接口等部件都集中装在一个机箱内，具有结构紧凑、体积小、价格低的特点。小型 PLC 一般采用这种整体式结构。整体式 PLC 由不同 I/O 点数的基本单元（又称主机）和扩展单元组成。基本单元内有 CPU、I/O 接口、与 I/O 扩展单元相连的扩展口，以及与编程器或 EPROM 写入器相连的接口等。扩展单元内只有 I/O 和电源等，没有 CPU。基本单元和扩展单元之间一般用扁平电缆连接。整体式 PLC 一般还可配备特殊功能单元，如模拟量单元和位置控制单元等，使其功能得以扩展。

（2）模块式 PLC。模块式 PLC 是将 PLC 各组成部分，分别作成若干个单独的模块，如 CPU 模块、I/O 模块、电源模块（有的含在 CPU 模块中）和各种功能模块。模块式 PLC 由框架或基板和各种模块组成。模块装在框架或基板的插座上。这种模块式 PLC 的特点是配置灵活，可根据需要选配不同规模的系统，而且装配方便，便于扩展和维修。大中型 PLC 一般采用模块式结构。

还有一些 PLC 将整体式和模块式的特点结合起来，构成所谓叠装式 PLC。叠装式 PLC 其 CPU、电源、I/O 接口等也是各自独立的模块，但它们之间是靠电缆进行连接，并且各模块可以一层层地叠装。这样，不但系统可以灵活配置，体积还可做得小巧。

2. 按功能分类

根据 PLC 所具有的功能不同，可将 PLC 分为低档、中档和高档三类。

（1）低档 PLC 具有逻辑运算、定时、计数、移位，以及自诊断、监控等基本功能，还可有少量模拟量输入/输出、算术运算、数据传送和比较、通信等功能。主要用于逻辑控制、顺序控制或少量模拟量控制的单机控制系统。

（2）中档 PLC 除具有低档 PLC 的功能外，还具有较强的模拟量输入/输出、算术运算、数据传送和比较、数制转换、远程 I/O、子程序、通信联网等功能。有些还可增设中断控制、PID 控制等功能，适用于复杂控制系统。

（3）高档 PLC 除具有中档机的功能外，还增加了带符号算术运算、矩阵运算、位逻辑运算、平方根运算及其他特殊功能函数的运算、制表及表格传送功能等。高档 PLC 机具有更强的通信联网功能，可用于大规模过程控制或构成分布式网络控制系统，实现工厂自动化。

3. 按 I/O 点数分类

根据 PLC 的 I/O 点数的多少，可将 PLC 分为小型、中型和大型三类。

（1）小型 PLC I/O 点数为 256 点以下的为小型 PLC。其中，I/O 点数小于 64 点的为超小型或微型 PLC。

（2）中型 PLC I/O 点数为 256 点以上、2048 点以下的为中型 PLC。

（3）大型 PLC I/O 点数为 2048 以上的为大型 PLC。其中，I/O 点数超过 8192 点的为超大型 PLC。

在实际中，一般 PLC 功能的强弱与其 I/O 点数的多少是相互关联的，即 PLC 的功能越强，其可配置的 I/O 点数越多。因此，通常我们所说的小型、中型和大型 PLC，除指其 I/O 点数不同外，同时也表示其对应功能为低档、中档、高档。

（六）PLC 功能特点

可编程逻辑控制器具有以下鲜明的特点。

1. 使用方便，编程简单

采用简明的梯形图、逻辑图或语句表等编程语言，而无须计算机知识，因此系统开发周期短，现场调试容易。另外，可在线修改程序，改变控制方案而不拆动硬件。

2. 功能强，性价比高

一台小型 PLC 内有成百上千个可供用户使用的编程元件，有很强的功能，可以实现非常复杂的控制功能。它与相同功能的继电器系统相比，具有很高的性能价格比。PLC 可以通过通信联网，实现分散控制与集中管理。

3. 硬件配套齐全，用户使用方便，适应性强

PLC 产品已经标准化、系列化和模块化，并配备有品种齐全的各种硬件装置供用户选用。用户能灵活方便地进行系统配置，组成不同功能、不同规模的系统。PLC 的安装接线也很方便，一般用接线端子连接外部接线。PLC 有较强的带负载能力，可以直接驱动一般的电磁阀和小型交流接触器。

硬件配置确定后，可以通过修改用户程序，方便快速地适应工艺条件的变化。

4. 可靠性高，抗干扰能力强

传统的继电器控制系统使用了大量的中间继电器、时间继电器，由于触点接触不良，容易出现故障。PLC 用软件代替大量的中间继电器和时间继电器，仅剩下与输入和输出有关的少量硬件元件，接线可减少到继电器控制系统的 1/100~1/10，因触点接触不良而造成的故障大为减少。

PLC 采取了一系列硬件和软件抗干扰措施，具有很强的抗干扰能力，平均无故障时间达到数万小时以上，可以直接用于有强烈干扰的工业生产现场。PLC 已被广大用户公认为最可靠的工业控制设备之一。

5. 系统的设计、安装、调试工作量少

PLC 用软件功能取代了继电器控制系统中大量的中间继电器、时间继电器、计数器等器件，使控制柜的设计、安装、接线工作量大大减少。

PLC 的梯形图程序一般采用顺序控制设计法来设计。这种编程方法很有规律，很容易掌握。对于复杂的控制系统，设计梯形图的时间比设计相同功能的继电器系统电路图的时间要少得多。

PLC 的用户程序可以在实验室模拟调试，输入信号用小开关来模拟，通过 PLC 上的发光二极管可观察输出信号的状态。完成了系统的安装和接线后，在现场的统调过程中发现的问题一般通过修改程序就可以解决，系统的调试时间比继电器系统少得多。

6. 维修工作量小，维修方便

PLC 的故障率很低，且有完善的自诊断和显示功能。PLC 或外部的输入装置和执行机构发生故障时，可以根据 PLC 上的发光二极管或编程器提供的信息迅

速地查明故障的原因，用更换模块的方法可以迅速地排除故障。

（七）PLC 应用领域

目前，PLC 控制器在国内外已被广泛地应用于钢铁、石油、化工、电力、建材、机械制造、汽车、轻纺、交通运输、环保及文化娱乐等各个行业，其使用情况大致可归纳为如下几类。

1. 开关量的逻辑控制

这是 PLC 控制器最基本、最广泛的应用领域，它取代传统的继电器电路，实现逻辑控制、顺序控制，既可用于单台设备的控制，也可用于多机群控及自动化流水线。如注塑机、印刷机、订书机械、组合机床、磨床、包装生产线、电镀流水线等。

2. 模拟量控制

在工业生产过程当中，有许多连续变化的量，如温度、压力、流量、液位和速度等都是模拟量。为了使可编程控制器处理模拟量，必须实现模拟量（Analog）和数字量（Digital）之间的 A/D 转换及 D/A 转换。PLC 厂家都生产配套的 A/D 和 D/A 转换模块，使可编程控制器用于模拟量控制。

3. 运动控制

PLC 控制器可以用于圆周运动或直线运动的控制。从控制机构配置来说，早期直接用于开关量 I/O 模块连接位置传感器和执行机构，现在一般使用专用的运动控制模块，如可驱动步进电机或伺服电机的单轴或多轴位置控制模块。世界上各主要 PLC 控制器生产厂家的产品几乎都有运动控制功能，广泛用于各种机械、机床、机器人和电梯等场合。

4. 过程控制

过程控制是指对温度、压力和流量等模拟量的闭环控制。作为工业控制计算机，PLC 控制器能编制各种各样的控制算法程序，完成闭环控制。PID 调节是一般闭环控制系统中用得较多的调节方法。大中型 PLC 都有 PID 模块，目前许多小型 PLC 控制器也具有此功能模块。PID 处理一般是运行专用的 PID 子程序。过程控制在冶金、化工、热处理、锅炉控制等领域有着非常广泛的应用。

5. 数据处理

现代 PLC 控制器具有数学运算（含矩阵运算、函数运算、逻辑运算）、数据传送、数据转换、排序、查表、位操作等功能，可以完成数据的采集、分析及处理。这些数据可以与存储在存储器中的参考值比较，完成一定的控制操作，也可以利用通信功能传送到别的智能装置，或将它们打印制表。数据处理一般用于大型控制系统，如无人控制的柔性制造系统；也可用于过程控制系统，如造纸、冶金、食品工业中的一些大型控制系统。

6. 通信及联网

PLC 控制器通信含 PLC 控制器间的通信及 PLC 控制器与其它智能设备间的通信。随着计算机控制的发展，工厂自动化网络发展得很快。各 PLC 控制器厂商都十分重视 PLC 控制器的通信功能，纷纷推出各自的网络系统。新近生产的 PLC 控制器都具有通信接口，通信非常方便。

（八） PLC 未来发展

PLC 控制器在今后会有更大的发展，从技术上看，计算机技术的新成果会更多地应用于可编程控制器的设计和制造上，会有运算速度更快、存储容量更大、智能更强的品种出现；从产品规模上看，会进一步向超小型及超大型方向发展；从产品的配套性上看，产品的品种会更丰富、规格更齐全，完美的人机界面、完备的通信设备会更好地适应各种工业控制场合的需求。

从市场上看，各国各自生产多品种产品的情况会随着国际竞争的加剧而被打破，会出现少数几个品牌垄断国际市场的局面，会出现国际通用的编程语言；从网络的发展情况来看，可编程控制器和其他工业控制计算机组网构成大型的控制系统是可编程控制器技术的发展方向。目前的计算机集散控制系统 DCS（Distributed Control System）中已有大量的可编程控制器应用。伴随着计算机网络的发展，可编程控制器作为自动化控制网络和国际通用网络的重要组成部分，将在工业及工业以外的众多领域发挥越来越大的作用。

PLC 控制器是一种专门为在工业环境下应用而设计的数字运算操作的电子装置。它采用可以编制程序的存储器，用来在其内部存储执行逻辑运算、顺序运算、计时、计数和算术运算等操作的指令，并能通过数字式或模拟式的输入和输出，控制各种类型的机械或生产过程。PLC控制器已经广泛应用于钢铁、石油、化工、电力、建材、机械制造、汽车、轻纺、交通运输、环保及文化娱乐等各个行业。它具有高可靠性、抗干扰能力强、功能强大、灵活、易学易用、体积小、重量轻、价格便宜等特点。

二、主机 PLC 和从属 PLC 系统的区分方法

在风力发电机组配备的电控系统是以可编程控制器为核心，控制电路是由 PLC 中央控制器及其他功能扩展模块组成。主要实现风力发电机正常运行控制、机组的安全保护、故障检测及处理、运行参数的设定、数据记录显示以及人工操作，配备有多种通信接口，能够实现就地通信和远程通信。

在风力发电机组控制系统中，变桨控制系统、变流控制系统、机舱控制系统、主控系统，均有独立的 PLC 进行控制。为了将其整合为一体，这就需要对其进行主从分工。

一般根据机组控制系统的不同，设定为 1 个主站和若干分站，如图 5-39 所示。所谓主从就是主站可以与每个从站直接通信，下达命令，接收反馈，从站和从站之间则不能互相指挥。就像军队中长官可以指挥自己属下的每个士兵，但是平级的士兵之间是不能相互控制指挥的。

主站能控制通讯总线，当主站得到总线控制权时，可以主动发送信息。主站又可分为一类主站和二类主站。一类主站是可决定总线的数据通信，当主站得到总线控制权时，没有外界请求也可以主动发送信息。二类主站是操作员工作站、编程器、操作员接口等，完成各站点的数据读写、系统配置、故障诊断等。

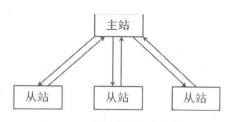

图 5-39 电气符号与实物对照

从站为简单的外围设备，典型的从站为传感器、执行器和变送器。它们没有

总线控制权，仅对接收到的信息给予回答，或者主站发出请求时回送给该主站相应的信息。典型的从站包括输入输出装置、阀门、驱动器和测量发送器。主站之间使用令牌环方式通信，主站与从站之间采用主—从方式通信。

从站主要有以下几种。

（1）PLC（智能型 I/O）。PLC 可做 PROFIBUS 上的一个从站。PLC 自身有程序存储，PLC 的 CPU 部分执行程序并按程序指令驱动 I/O。作为 PROFIBUS 主站的一个从站，在 PLC 存储器中有一段特定区域作为与主站通信的共享数据区。主站可通过通信间接控制从站 PLC 的 I/O。

（2）分散式 I/O（非智能型 I/O）。通常由电源部分、通信适配器部分、接线端子部分组成。分散式 I/O 不具有程序存储和程序执行，通信适配器部分接收主站指令，按主站指令驱动 I/O，并将 I/O 输入及故障诊断等信息返回给主站。通常分散型 I/O 是由主站统一编址，这样在主站编程时使用分散式 I/O 与使用主站的 I/O 没有什么区别。

（3）驱动器、传感器和执行机构等现场设备。即带 PROFIBUS 接口的现场设备，可由主站在线完成系统配置、参数修改和数据交换等功能。至于那些参数可进行通信及参数格式由 PROFIBUS 行规决定。

风电控制系统的现场控制站包括塔座主控制器机柜、机舱控制站机柜、变桨距系统、变流器系统、现场触摸屏站、以太网交换机、现场总线通讯网络、UPS 电源、紧急停机后备系统等。

1. 塔座控制站

塔座控制站即主控制器机柜是风电机组设备控制的核心，主要包括控制器、I/O 模件等。控制器硬件采用 32 位处理器，系统软件采用强实时性的操作系统，运行机组的各类复杂主控逻辑通过现场总线与机舱控制器机柜、变桨距系统、变流器系统进行实时通讯，以使机组运行在最佳状态。

控制器的组态采用功能丰富、界面友好的组态软件，采用符合 IEC61131−3 标准的组态方式，包括功能图（FBD）、指令表（LD）、顺序功能块（SFC）、梯形图、结构化文本等组态方式。

2. 机舱控制站

机舱控制站采集机组传感器测量的温度、压力、转速和环境参数等信号，通过现场总线和机组主控制站通讯。主控制器通过机舱控制机架以实现机组的偏航、解缆等功能。此外，机舱控制站还对机舱内各类辅助电机、油泵、风扇进行控制以使机组工作在最佳状态。

3. 变桨距系统

大型 MW 级以上风电机组通常采用液压变桨系统或电动变桨系统。变桨系统由前端控制器对 3 个风机叶片的桨距驱动装置进行控制，它是主控制器的执行单元，采用 CANOPEN 与主控制器进行通讯，以调节 3 个叶片的桨距工作在最佳状态。变桨系统有后备电源系统和安全链保护，保证在危急工况下紧急停机。

4. 变流器系统

大型风力发电机组目前普遍采用大功率的变流器以实现发电能源的变换，变流器系统通过现场总线与主控制器进行通讯，实现机组的转速、有功功率和无功功率的调节。

5. 现场触摸屏站

现场触摸屏站是机组监控的就地操作站，实现风力机组的就地参数设置、设备调试、维护等功能。它是机组控制系统的现场上位机操作员站。

6. 以太网交换机（HUB）

系统采用工业级以太网交换机，以实现单台机组的控制器、现场触摸屏和远端控制中心网络的连接。现场机柜内采用普通双绞线连接，和远程控制室上位机采用光缆连接。

7. 现场通讯网络

主控制器具有 CANOPEN、PROFIBUS、MODBUS、以太网等多种类型的现场总线接口，可根据项目的实际需求进行配置。

8. UPS 电源

UPS 电源用于保证系统在外部电源断电的情况下，机组控制系统、危急保护系统以及相关执行单元的供电。

9. 后备危急安全链系统

后备危急安全链系统独立于计算机系统的硬件保护措施，即使控制系统发生异常，也不会影响安全链的正常动作。安全链是将可能对风力发电机造成致命伤害的超常故障串联成一个回路，当安全链动作后将引起紧急停机，机组脱网，从而最大限度地保证机组的安全。

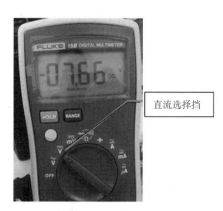

直流选择挡

图 5-40　某型风力发电机控制系统拓扑图

图 5-40 所示为某型机组控制系统拓扑图。从图 5-42 中可以看出，主控制器 ID10 为整个控制系统主站，分别通过通讯接口与水冷控制器 ID8、变流控制器 ID12、机舱控制器 ID20、1 号变桨控制器 ID41、2 号变桨控制器 ID42、3 号变桨控制器 ID43、监控器 HMI（触摸屏）、交换机相连接。

三、PLC 控制系统与控制部件的连接方法

1. 发电机系统

监控发电机运行参数，通过启停冷却风扇和电加热器，控制发电机线圈温度、轴承温度、滑环室温度在适当的范围内，相关逻辑如下：

当发电机温度升高至某设定值后，起动冷却风扇，当温度降低到某设定值时，停止风扇运行；当发电机温度过高或过低并超限后，发出报警信号，并执行安全停机程序。

当温度越低至某设定值后，起动电加热器，温度升高至某设定值后时，停止加热器运行；同时电加热器也用于控制发电机的温度端差在合理的范围内。

发电机温度传感器信号可以直接接入到 PLC 温度检测模块，风扇及加热设备则需通过中间继电器进行启停控制。

2. 液压系统

机组的液压系统用于偏航系统刹车、机械刹车盘驱动。机组正常时，需维持额定压力区间运行。

液压泵控制液压系统压力，当压力下降至设定值后，启动油泵运行，当压力升高至某设定值后液压泵停止工作。

液压系统的主要输入和输出信号有电磁阀控制信号、液压泵启动信号、压力传感器信号等，其中压力传感器信号为电压或电流信号，可以直接接入 PLC 检测模块，而电磁阀控制信号和液压信号需采用中间继电器控制后执行。

3. 测风系统

测风系统为智能测量仪器，通过 RS485 口和控制器进行通信，将机舱外的气象参数采集至控制系统。根据环境温度控制气象测量系统的加热器以防止结冰。

闪光障碍灯控制，每个叶片的末端安装闪光障碍灯，在夜晚点亮。

机舱风扇控制机舱内环境温度。

4. 电动变桨距系统

变桨距系统包括每个叶片上的电机、驱动器和主控制 PLC 等部件。该 PLC 通过 CAN 总线和机组的主控系统通信，是风电控制系统中桨距调节控制单元，变桨距系统有后备 DO 顺桨控制接口。桨距系统的主要功能为：紧急刹车顺桨系统控制，在紧急情况下可实现风机顺桨控制。通过 CAN 通讯接口和主控制器通讯，接收主控指令后，桨距系统调节桨叶的节角距至预定位置。

桨距系统和主控制器的通信内容包括桨叶 A 位置反馈、桨叶 B 位置反馈、桨叶 C 位置反馈、桨叶节距给定指令、桨距系统综合故障状态、叶片在顺桨状态和顺桨命令。

5. 增速齿轮箱系统

齿轮箱系统用于将风轮转速增速至双馈发电机的正常转速运行范围内，须监视和控制齿轮油泵、齿轮油冷却器、加热器和润滑油泵等。

当齿轮油压力低于设定值时，起动齿轮油泵。当压力高于设定值时，停止齿轮油泵。当压力越限后，发出警报，并执行停机程序。

齿轮油冷却器/加热器控制齿轮油温度的方法为：当温度低于设定值时，起动加热器；当温度高于设定值时，停止加热器；当温度高于某设定值时，起动齿轮油冷却器，当温度降低到设定值时，停止齿轮油冷却器。

润滑油泵控制方法为：当润滑油压低于设定值时，起动润滑油泵；当油压高于某设定值时，停止润滑油泵。

6. 偏航系统控制

根据机舱角度和测量的低频平均风向信号值、机组当前的运行状态和负荷信号，调节 CW（顺时针）和 CCW（逆时针）电机，实现自动对风电缆解缆控制。

（1）自动对风。当机组处于运行状态或待机状态时，根据机舱角度和测量风向的偏差值调节 CW、CCW 电机，实现自动对风。（以设定的偏航转速进行偏航，同时需要对偏航电机的运行状态进行检测。）

（2）自动解缆控制。当机组处于暂停状态时，如机舱向某个方向扭转大于720°时，启动自动解缆程序；或者机组在运行状态时，如果扭转大于 1024°时，实现解缆程序。

7. 大功率变流器通讯

主控制器通过 CANOPEN 通信总线和变流器通信，变流器实现并网/脱网控制、发电机转速调节、有功功率控制和无功功率控制。

（1）并网和脱网。变流器系统根据主控的指令，通过对发电机转子励磁，将发电机定子输出电能控制至同频、同相、同幅，再驱动定子出口接触器合闸，实现并网；当机组的发电功率小于某值持续几秒后或风机或电网出现运行故障时，变流器驱动发电机定子出口接触器分闸，实现机组的脱网。

（2）发电机转速调节。机组并网后在额定风速以下阶段运行时，通过控制发电机转速实现机组在最佳曲线运行；机组并网后在额定风速运行时，通过风速仪测量实时数据，调整叶轮的转距值，调节机组至最佳状态运行。

（3）功率控制。当机组进入恒定功率区后，通过和变频器的通讯指令，维持机组输出而定的功率。

（4）无功功率控制。通过和变频器的通讯指令，实现无功功率控制或功率因数的调节。

8. 安全链回路

安全链回路独立于主控系统，并行执行紧急停机逻辑。所有相关的驱动回路均有后备电池供电，以保证系统在紧急状态可靠执行。

下面介绍一下主控 PLC 与各从站的连接方式。

图 5-41 所示为某型风力发电机组主控 PLC 与其他从站的连接方式。从图 5-43中可以看出，3#变桨控制柜（ID43）通过 DP 电缆连接至 2#变桨控制柜（ID42），2#变桨控制柜通过 DP 线连接至 1#变桨控制柜（ID41），1##变桨控制柜通过滑环内的 DP 电缆连接至机舱控制柜（ID20），机舱控制柜通过光纤连接到低压控制模块（ID11），低压控制模块（ID11）通过 DP 电缆连接到主控器（ID10）。

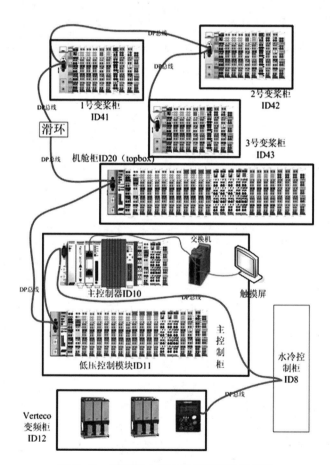

图 5-41　某型风力发电机控制系统连接图

变频柜（ID12）通过 DP 线连接到水冷控制柜（ID8），水冷控制柜（ID8）

通过 DP 电缆连接至主控器（ID10）。

其中，2#变桨控制柜（ID42）、1#变桨控制柜（ID41）、机舱控制柜（ID20）、低压控制模块（ID11）、水冷控制柜（ID8）不仅作为一个单独的从站，同时也兼顾着通讯中继的作用。

 思考题：

1. 简述风力发电机组的分类及构成。

2. 简述 PLC 的构成及特点。

3. 简述风力发电机组控制系统构成。

4. 简述风力发电机组控制系统拓扑图。

第六章 风电机组厂内调试前准备

1. 识读需要调试部分的电气原理图、试验接线图等。

2. 识读风电机组调试指导书。

3. 按测试要求完成测试电路的电气连接。

4. 测试用仪器仪表的校零。

5. 完成电气装配质量检查。

6. 按要求完成安全防护装置的安装。

第一节 识读工艺文件及调试现场准备

一、工艺文件的分类和作用

工艺文件是根据产品的设计文件、图纸，结合本企业的实际情况而编制的用于指导生产的技术文件。它是企业进行生产准备、原材料供应、计划管理、生产调度、劳动力调配、工器具及设备管理的主要依据，是企业生产装配和质量检验的技术指导。

企业是否具备先进、科学、合理、齐全的工艺文件是企业能否安全、优质、高产、低消耗的制造产品的决定条件。

1. 工艺文件的作用

（1）组织生产、建立生产秩序。

（2）指导技术，保证产品质量。

（3）编制生产计划、考核工时定额。

（4）调整劳动组织。

（5）安全物资供应。

（6）工具、工装和设备管理。

（7）经济核算的依据。

（8）巩固工艺。

（9）产品转厂生产时的交换资料。

2. 工艺文件的分类

工艺文件通常可分为工艺管理文件和工艺规程文件两大类。

（1）工艺管理文件。它是企业组织生产、进行生产技术准备工作的文件，规定了产品的生产条件、工艺路线、工艺流程、工具设备、调试及检验仪器、工艺装置、材料消耗定额和工时定额。

（2）工艺规程文件。它是规定产品制造过程和操作方法的技术文件，主要包括零部件加工工艺、零部件装配工艺、电缆制作工艺、调试及检验工艺和各工艺的工时定额。

在风力发电机组装配过程中，使用的工艺文件主要为，机组电气安装接线工艺、机组电气安装接线作业指导书、电缆制作工艺、电缆制作作业指导书、机组出厂调试手册、机组电气原理图、出厂测试平台使用说明书、电气工时定额、电气过程控制卡、电气检验规范、出厂测试报告等。

3. 工艺文件一般格式

（1）封面。封面作为工艺文件的首页，提供了此本工艺文件的文件编号、文件名称、文件版本、编签审批等信息。

（2）目次。目次提供了整份文件的各部分内容及所处页码。

（3）前言。文件编制参考标准及依据，文件适用范围、编制起草单位或部门、文件编制文、文件历次版本发布情况等。

（4）正文内容。正文为整部工艺文件的核心，根据工艺文件要求不同，所编制内容也不同。

4. 装配工艺

装配工艺主要内容为工艺流程及重要技术要求并对流程进行说明，如图 6-1 所示。

（1）工艺路线图说明。工艺路线图的说明主要有以下几点。

①"准备机舱电缆"是将机舱接线电缆准备好，图 6-1 最外面环形表示准备机舱电缆。

②内部小圆围绕着中间大圆，小圆表示机舱各模块部分的接线与布线；大圆表示最后的机舱柜接线与布线。

③箭头朝外指向小圆表示最终的接线检查和布线整理。

④右边为左边对应小圆的具体解释与说明。

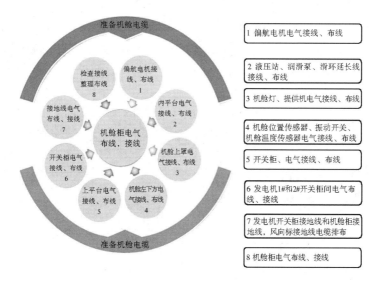

图 6-1　机舱装配工艺流程图

（2）工艺路线说明。工艺路线说明主要有以下几点。

①以模块化为单位，在开关柜上平台装配完成后，即可进行开关柜间接线（有滤波器的可完成开关柜与滤波器之间接线）。

②偏航电机与底座完成转配后，可进行偏航电机接线和布线。

③液压站电缆、滑环电缆、加脂器电缆由于处于同一平台，布线有汇合重叠部分，故需作为一个模块完成布线。

④机舱灯和提升机布线方向最终汇合，可作为一个模块布线。

⑤振动开关、凸轮计数器、机舱温度传感器均位于机舱左下角位置，布线有重合，作为一个模块电机布置。

⑥发电机开关柜、发电机温度传感器接线、叶轮锁定开关接线有部分重合。可按先后顺序完成布线。

⑦机舱接地线均位于机舱接地排位置，分别来自机舱柜、开关柜、风向标和风速仪支架。机舱柜接线应为最后工序。

⑧机舱柜接线应为最后的工序，同时，发电机温度线和 DP 电缆线制作也在这里完成。

（3）工艺作业指导书。作业指导书则以图文并茂的方式，将装配过程、材料、工器具、耗材等一一列出，用于指导实际的生产装配过程。

（4）机组调试手册。机组调试手册与工艺作业指导书相类似，它将机组调试时所需工器具、仪器仪表、安全要求、测试准备要求、操作步骤及测试报告要求等做了详细要求。图 6-2 所示为某发电机测试手册测试目录。

前言 II
1 范围 1
2 规范性引用文件 1
3 试验目的 1
4 试验器材 1
5 试验内容 1
5.1 直流电阻测量——测量冷态发电机相电阻 1
5.2 测量绝缘电阻 2
5.3 匝间绝缘试验 2
5.4 绕组耐压试验 2
5.5 空载试验 3
5.5.1 拖动前的检查 3
5.5.2 试验接线 3
5.5.3 试验项目 3
5.6 相位差检测 5
5.6.1 试验接线 5
5.6.2 测试相位差 5
5.6.3 试验线路拆除 5
6 安全事项 5
附录 A （规范性附录） 发电机出厂试验记录单 6

图 6-2　某发电机调试手册测试目录

二、电气原理图识读

电气图是掌握风力发电机组知识的必经之路，是处理机组故障最重要的资料，也是电控系统设计的第一步。掌握电气接线图的应用，独立读图将对今后处理、分析电控系统故障提供保障。电气图主要类型如下所示。

（1）系统图或框图。用符号或带注释的框概略表示系统或分系统的基本组成、相互关系及其主要特征的一种简图。

（2）电路图。用图形符号并按工作顺序排列，详细表示电路、设备或成套装置的全部组成和连接关系，而不考虑其实际位置的一种简图。目的是便于详细理解作用原理、分析和计算电路特性。

（3）功能图。表示理论的或理想的电路而不涉及实现方法的一种图，其用途是提供绘制电路图或其他有关图的依据。

（4）逻辑图。主要用二进制逻辑（与、或、异或等）单元图形符号绘制的一种简图，其中只表示功能而不涉及实现方法的逻辑图叫纯逻辑图。

（5）功能表图。表示控制系统的作用和状态的一种图。

（6）等效电路图。表示理论的或理想的元件（如 R、L、C）及其连接关系的一种功能图。

（7）程序图。详细表示程序单元和程序片及其互连关系的一种简图。

（8）设备元件表。把成套装置、设备和装置中各组成部分和相应数据列成的表格及其用途表示各组成部分的名称、型号、规格和数量等。

（9）端子功能图。表示功能单元全部外接端子，并用功能图、表图或文字表示其内部功能的一种简图。

（10）接线图或接线表。表示成套装置、设备或装置的连接关系，用以进行接线和检查的一种简图或表格。

①单元接线图或单元接线表。表示成套装置或设备中一个结构单元内的连接关系的一种接线图或接线表。（结构单元指在各种情况下可独立运行的组件或某种组合体）

②互连接线图或互连接线表。表示成套装置或设备的不同单元之间连接关系

的一种接图或接线表。(线缆接线图或接线表)

③端子接线图或端子接线表。表示成套装置或设备的端子,以及接在端子上的外部接线(必要时包括内部接线)的一种接线图或接线表。

④电费配置图或电费配置表。提供电缆两端位置,必要时还包括电费功能、特性和路径等信息的一种接线图或接线表。

(11)数据单。对特定项目给出详细信息的资料。

(12)简图或位置图。表示成套装置、设备或装置中各个项目的位置的一种简图或一咱图叫位置图。指用图形符号绘制的图,用来表示一个区域或一个建筑物内成套电气装置中的元件位置和连接布线。

在风力发电机组图纸中,主要掌握电气接线原理图。要想掌握电气接线原理图,必须了解原理图中电气符号的含义、标注原则和使用方法,才能看懂电路图的工作原理,设计出标准的电路来。

电气符号包括图形符号、文字符号、项目代号和回路标号等。它们相互关联,互为补充,以图形和文字的形式从不同角度为电气图提供各种信息。如图6-3所示。

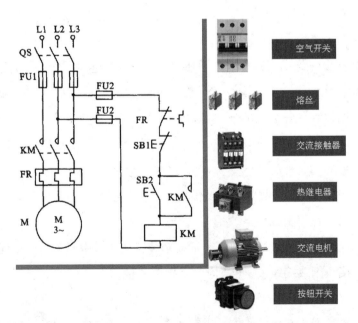

图6-3 电气符号与实物对照

在电气原理图中，一些常用的电气符号需要熟知。

（一）常用电气图形符号

电气图形符号是电气技术领域的重要信息语言，它提供了一类设备及元件的共同符号，这样在电路中就能以一种简单的图形方式表示某个设备或者器件，为画图提供了简便性和方便性。

图形符号由一般符号、符号要素、限定符号等组成。

（1）一般符号。它表示一类产品或此类产品特征的一种通常很简单的符号。

（2）符号要素。它具有确定意义的简单图形，必须同其他图形组合以构成一个设备或概念的完整符号。

（3）限定符号。它用以提供附加信息的一种加在其他符号上的符号，它一般不能单独使用，但一般符号有时也可用作限定符号。

图形符号的分类如下所示。

（1）导线和连接器件：各种导线、接线端子和导线的连接、连接器件、电缆附件等。

（2）无源元件。包括电阻器、电容器、电感器等。

（3）半导体管和电子管。包括二极管、三极管、晶闸管、电子管、辐射探测器等。

（4）电能的发生和转换。包括绕组、发电机、电动机、变压器、变流器等。

（5）开关、控制和保护装置。包括触点（触头）、开关、开关装置、控制装置、电动机起动器、继电器、熔断器、间隙、避雷器等。

（6）测量仪表、灯和信号器件。包括指示积算和记录仪表、热电偶、遥测装置、电钟、传感器、灯、喇叭和铃等。

（7）电信交换和外围设备。包括交换系统、选择器、电话机、电报和数据处理设备、传真机、换能器、记录和播放等。

（8）电信传输。包括通信电路、天线、无线电台及各种电信传输设备。

（9）电力、照明和电信布置。包括发电站、变电站、网络、音响和电视的电缆配电系统、开关、插座引出线、电灯引出线、安装符号等。适用于电力、照明和电信系统和平面图。

（10）二进制逻辑单元。包括组合和时序单元、运算器单元、延时单元、双稳、单稳和非稳单元、位移寄存器、计数器和贮存器等。

常用图形符号应用的说明有如下几点。

（1）所有的图形符号，均由按无电压、无外力作用的正常状态示出。

（2）在图形符号中，某些设备元件有多个图形符号，有优选形、其他形，形式1、形式2等。选用符号的遵循原则：尽可能采用优选形；在满足需要的前提下，尽量采用最简单的形式；在同一图号的图中使用同一种形式。

（3）符号的大小和图线的宽度一般不影响符号的含义，在有些情况下，为了强调某些方面或者为了便于补充信息，或者为了区别不同的用途，允许采用不同大小的符号和不同宽度的图线。

（4）为了保持图面的清晰，避免导线弯折或交叉，在不引起误解的情况下，可以将符号旋转或成镜像放置，但此时图形符号的文字标注和指示方向不得倒置。

（5）图形符号一般都画有引线，但在绝大多数情况下引线位臵仅用作示例。在不改变符号含义的原则下，引线可取不同的方向。如引线符号的位臵影响到符号的含义，则不能随意改变，否则引起岐义。

（6）在《电气图用图形符号》GB 4728中比较完整地列出了符号要素、限定符号和一般符号，但组合符号是有限的。若某些特定装臵或概念的图形符号在标准中未列出，允许通过已规定的一般符号，限定符号和符号要素适当组合，派生出新的符号。

（7）符号绘制。电气图用图形符号是按网格绘制出来的，但网格未随符号示出。

（二）常用文字符号

文字符号是用来表示电气设备、装置和元器件的名称、功能、状态和特征的字母代码和功能字母代码。文字符号可在电气设备、装置和元器件上或其近旁使用。文字符号由基本文字符号和辅助文字符号组成。

1. 基本文字符号

基本文字符号主要表示电气设备、电气装置和电器元件的种类名称。基本文字符号分单字母和双字母符号。

单字母符号是按拉丁字母将各种电器设备、装置和元器件划分为 23 种大类，每个大类用一个专用单字母符号表示，如"R"表示电阻类，"C"表示电容器类。

双字母符号是由一个表示种类的单字母符号与另一字母组成，其组合形式以单字母符号在前，另一字母在后的顺序标出。如"RT"表示热敏电阻器，而"R"表示电阻。"T"表示 Thermistor，只有单字母符号不能满足要求，需进一步划分时，方采用双字母符号，以示区别。在使用双字母符号时，第一个字母按《电气技术中的文字符号制定通则》中单字母表示的种类使用，第二个字母可按英文术语缩写而成。基本文字符号一般不超过两位字母。

风力发电机组电气原理图中常用文字符号，见表 6-1。

表 6-1　风力发电机组电气原理图中常用文字符号表

文字符号	说明	文字符号	说明	文字符号	说明
A	组件、部件	QS	隔离开关	SB	按钮开关
AB	电桥	R	电阻器	T	变压器
AD	晶体管反放大器	RP	电位器	TA	电流互感器
AJ	集成电路放大器	RS	测量分路表	TM	电力变压器
AP	印制电路板	RT	热敏电阻器	TV	电压互感器
B	非电量与电量互换器	RV	压敏电阻器	V	电子管、晶体管
C	电容器	SA	控制开关、选择开关	W	导线
D	数字集成电路和器件	F	保护器件	X	端子、插头、插座
EL	照明灯	FU	熔断器	XB	连接片
L	电感器、电抗器	FV	限压保护器件	XJ	测试插孔
M	电动机	G	发电机	XP	插头
N	模拟元件	GB	蓄电池	XS	插座
PA	电流表	HL	指示灯	XT	接线端子板
PJ	电能表	KA	交流继电器	YA	电磁铁
PV	电压表	KD	直流继电器		
QF	断路器	KM	接触器		

其中，"I"和"O"易同阿拉伯数字"1"和"0"混淆，不允许使用，字母"J"也未采用。

2. 辅助文字符号

电气辅助文字符号是用来表示电气设备、装置和元器件，以及线路的功能、状态和特征的。例如，"E"表示接地，"GN"表示绿色等。辅助文字符号可放在表示种类的单字母后边组成双字母符号，如"SP"表示压力传感器，"YB"表示电磁制动器等。为简化文字符号，若辅助文字符号由两个以上字母组成时，只采用其中第一位字母进行组合，如"MS"表示同步电动机，"S"为辅助文字符号"SYN"的第一个字母。辅助文字符号可单独使用，如"ON"表示接通，"N"表示中性线，"PE"表示接地保护等。

风力发电机组电气原理图中常用辅助文字符号，见表6-2所示。

表6-2　风力发电机组电气原理图常用辅助文字符号表

文字符号	说明	文字符号	说明	文字符号	说明
A	电流	H	高	R	反
AC	交流	IN	输入	R/RST	复位
A/AUT	自动	L	低	RUT	运转
ACC	加速	M	主、中	S	信号
ADJ	可调	M/MAN	手动	ST	起动
B/BRK	制动	N	中性线	S/SET	置位、定位
C	控制	OFF	断开	STP	停止
D	数字	ON	接通、闭合	T	时间、温度
DC	直流	OUT	输出	TE	无噪声接地
E	接地	PE	保护接地	V	电压

3. 文字符号的组合

文字符号的组合形式一般为：基本符号+辅助符号+数字序号。例如，第一台电动机，其文字符号为M1；第一个接触器，其文字符号为KM1。

4. 特殊用途文字符号

在电气图中，一些特殊用途的接线端子、导线等通常采用一些专用的文字符号。例如，三相交流系统电源分别用"L1、L2、L3"表示，三相交流系统的设备分别用"U、V、W"表示。

数字代码单独使用时，表示各种电器元件、装置的种类或功能，须按序编号，还要在技术说明中对数字代码意义加以说明。比如三个相同的继电器，可以分别表示为"K1"、"K2"和"K3"，如图6-4所示。

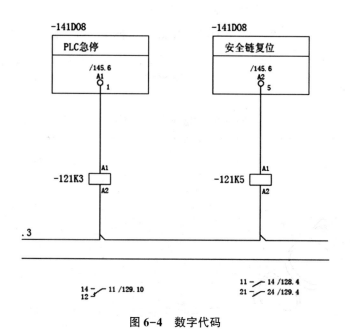

图 6-4　数字代码

在电路图中，电气图形符号的连线处经常有数字，这些数字称为线号。线号是区别电路接线的重要标志，如 W1.1、W2.3 。从线号图中可以了解到电缆型号、接线顺序等信息，如图6-5所示。

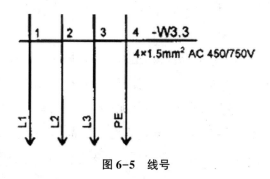

图 6-5　线号

（三）项目代号

项目代号用以识别图、图表、表格和设备上的项目种类，并提供项目的层次关系、实际位置等信息的一种特定的代码。每个表示元件或其他组成部分的符号都必须标注其项目代号。在不同的图、图表、表格、说明书中的项目和设备中的该项目均可通过项目代号相互联系。

项目代号由拉丁字母、阿拉伯数字和特定的前缀符号，按照一定规则组合而成的代码。完整的项目代号包括 4 个相关信息的代号段。每个代号段都用特定的前缀符号加以区别，见表 6-3。

表 6-3　完整项目代号的组成

代号段	名称	定义	前缀符号	示例
第 1 段	高层代号	系统或设备中任何较高层次（对给予代号的项目而言）项目的代号	=	=S2
第 2 段	种类代号	项目在组件、设备、系统或建筑中的实际位置的代号	—	—G6
第 3 段	位置代号	项目在组件、设备、系统或建筑物中的实际位置的代号	+	+C15
第 4 段	端子代码	用以外电路进行电气连接的电器导电件的代号	:	X1：11

（1）高层代号的构成。一个完整的系统或成套设备中任何较高层次项目的代号，称为高层代号。例如，S1 系统中的开关 Q2，可表示为 =S1-Q2，其中"S1"为高层代号。X 系统中的第 2 个子系统中第 3 个电动机，可表示为 =2-M3，简化为 =X1-M2。

（2）种类代号的构成。用以识别项目种类的代码，称为种类代号。通常，在绘制电路图或逻辑图等电气图时就要确定项目的种类代号。

确定项目的种类代号的方法有 3 种。

第 1 种方法，也是最常用的方法，是由字母代码和图中每个项目规定的数字组成。按这种方法选用的种类代码还可补充一个后缀，即代表特征动作或作用的字母代码，称为功能代号。可在图上或其他文件中说明该字母代码及其表示的含义。例如，—K2M 表示具有功能为 M 的序号为 2 的继电器。一般情况下，不必增加功能代号。如需增加，为了避免混淆，位于复合项目种类代号中间的前缀符号不可省略。

第2种方法，是仅用数字序号表示。给每个项目规定一个数字序号，将这些数字序号和它所代表的项目排列成表放在图中或附在另外的说明中。例如，-2、-6等。

第3种方法，是仅用数字组。按不同种类的项目分组编号。将这些编号和它代表的项目排列成表置于图中或附在图后。例如，在具有多种继电器的图中，时间继电器用11、12、13表示。

（3）位置代号的构成。项目在组件、设备、系统或建筑物中的实际位置的代号，称为位置代号。通常位置代号由自行规定的拉丁字母或数字组成。在使用位置代号时，应给出表示该项目位置的示意图。

（4）端子代号的构成。端子代号是完整的项目代号的一部分。当项目具有接线端子标记时，端子代号必须与项目上端子的标记相一致。端子代号通常采用数字或大写字母，特殊情况下也可用小写字母表示。例如，-Q3：B，表示隔离开关Q3的B端子。

（5）项目代号的组合。项目代号由代号段组成。一个项目可以由一个代号段组成，也可以由几个代号段组成。通常项目代号可由高层代号和种类代号进行了组合，设备中的任一项目均可用高层代号和种类代号组成一个项目代号，例如，=2-G3；也可由位置代号和种类代号进行了组合，例如，+5-G2；还可先将高层代号和种类代号组合，用以识别项目，再加上位置代号，提供项目的实际安装位置，例如，=P1-Q2+C5S6M10，表示P1系统中的开关Q2，位置在C5室S6列控制柜M10中。

在电气图上，通常用一个图形符号表示的基本件、部件、组件、功能单元、设备、系统等，称为项目，比如LVD低压配电柜。

项目有大有小，可能相差很多，大到电力系统、成套配电装置以及电机、变压器等，小到电阻器、端子、连接片等，都可以称作项目，如图6-6所示。

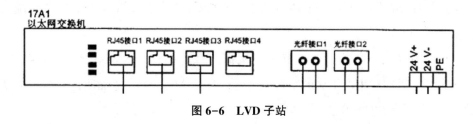

图6-6　LVD子站

电路图中用来表示各回路种类、特征的文字和数字标号统称为回路标号，也称回路线号，其用途为便于接线和查线。回路标号按照"等电位"原则进行标注（等电位的原则是指电路中连接在一点上的所有导线具有同一电位而标注相同的回路称号）；

由电气设备的线圈、绕组、电阻、电容、各类开关、触点等电器元件分隔开的线段，应视为不同的线段，标注不同的回路标号，如图6-7所示。

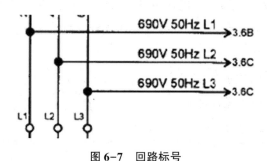

图6-7 回路标号

（四）识图技巧

四十八字识图箴言

> 先机后电，由主到辅。
>
> 从简到繁，循序渐进。
>
> 假想动作，标准掌握。
>
> 化整为零，集零为整。
>
> 字符结合，典型电路。
>
> 统观全局，总结特点。

1. 识图的基本方法

电气控制电路图识图的基本方法是"先机后电、先主后辅、化整为零、统观全局、总结特点"。

（1）先机后电。首先应了解生产机械的基本结构、运行情况、工艺要求、操作方法，以期对生产机械的结构及其运行有总体了解，进而明确对电力拖动的要求，为分析电路作好前期准备。

（2）先主后辅。从主电路入手，根据每台电动机、电磁阀等执行电器的控制要求去分析它们的控制内容（包括启动、方向控制，调速和制动等）。

（4）集零为整、统观全局、总结特点。在逐个分析完局部电路后，还应统观全部电路，看各局部电路之间的连锁关系，电路中设有哪些保护环节。以期对整个电路有清晰的了解，对电路是的每一个电路，电器中的每一个触点的作用都应了解清楚。

最后总体检查，经过化整为零，初步分析了每一个局部电路的工作原理以及各部分之间的控制关系后，还必须用"集零为整"的方法，检查整个控制电路，看是否有遗漏。特别要从整体角度去进一步检查和理解各控制环节之间的联系，理解电路中每个电气元件的作用。

注意事项：

在读图过程中，特别要注意各电路间的相互联系和制约关系。

三、测试仪器仪表使用方法

（一）万用表

万用表最为常见测试仪表，在前面的章节已对它的功能及原理、使用方法都作了介绍，这里不在赘述。

（二）相序表

相序表是用来控制三相电源的相序的。当相序对了，相序表的继电器就吸合；相序不对，相序表的继电器就不吸合。相序表可检测工业用电中出现的缺相、逆相、三相电压不平衡、过电压、欠电压五种故障现象，并及时将用电设备断开，起到保护作用，如图6-8所示。

核对相序的目的主要是对二路不同的电源进行相序核对。如果相序不对，合环肯定是短路的，因为正确的相序是合环的必备条件；还有一种就是保护用，如果二路电源相序不对，容易造成保护误动或是采集信号相角有误差，这也就是为什么发电机并网前要用同步表，即并购的条件相序一致，频率要一致的原因。

传统的相序测量方法是将三相电线的接线柱拨开，将相序表的三个裸露鳄鱼夹或测试针连接到裸露的三根火线上。而随着技术的更新，现在采用钳形非接触检相器测量，不用拨开电线，无需接触高压裸露火线，直接将三个超感应高绝缘钳夹分别夹住三相火线的绝缘外皮即可检测线路相序（正相、逆相）。

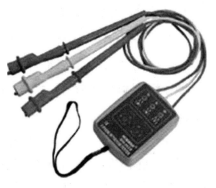

图 6-8　相序表

（三）示波器

1. 特点

示波器是利用示波管内电子射线的偏转，在荧光屏上显示出电信号波形的仪器，它是一种综合性的电信号测试仪器，其主要特点如下所示。

（1）测量灵敏度高、量程大、过载能力强。

（2）输入阻抗高、频带宽、响应快和显示直观。

（3）不仅能显示电信号的波形，而且还可以测量电信号的幅度、周期、频率和相位等。

（4）通过传感器可以完成各种电量的测量，扩大示波器的功能。

2. 主要参数

示波器的主要参数是正确使用示波器的依据，由于篇幅有限，仅介绍以下主要六项。

（1）频率响应（带宽）。这是示波器频率特性的稳态表示法。示波器的带宽就是其 Y 系统工作频率范围，也就是 Y 放大器带宽，通常以−3dB 定义，即相对放大量下降到 0.707 时的频率范围。频带越宽，表明示波器的频率特性越好。宽带示波器的频率响应低端常常从零开始。

（2）瞬态响应。这是示波器频率特性的瞬态表示法。它指输入理想矩形波后，示波器显示波形的脉冲参数。

（3）输入阻抗。指 Y 放大器的输入阻抗，示波器的输入阻抗越大，则对被测电路的影响就越小。通用示波器的输入电阻规定为 1MΩ，输入电容—般为 22~50pF。

（4）偏转因数。偏转因数是指示波器输入电压与亮点在 Y 方向偏移量的比值，单位为 mV/DIV。偏转因数值可表示灵敏度，数值越小灵敏度越高，每一种示波器有一个最高灵敏度。一般示波器最高灵敏度对应于 5 mV/DIV 或 10 mV/DIV。偏转因数表征示波器观察信号的幅度范围，其下限表征示波器观察微弱信号的能力，上限决定了示波器所能观察到信号的最大峰峰值。度（DIV）是指荧光屏刻度 1 大格，1 度等于 1 cm。

（5）扫描速度。单位时间内光点在 X 方向的偏移量称为扫描速度。反之，光点在 X 方向偏移 1cm 或 1DIV 所经过的时间称为扫描时基因数，单位 μs/DIV 或 s/DIV。通常用扫描时基因数表示扫描速度，时基因数越小扫描速度越高，表明示波器展宽波形或窄脉冲的能力越强。

（6）延时时间。从扫描线开始出现到波形上升或下降到基本幅度的 10% 所经过的时间。延时时间的存在有利于观察脉冲沿。

3. GOS-X 型双踪示波器（见图 6-9）

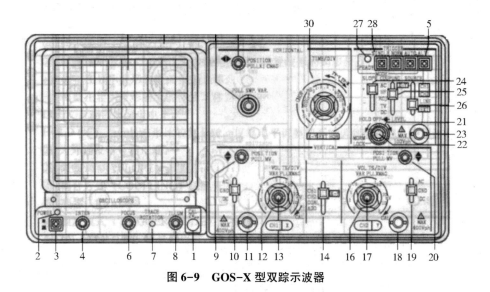

图 6-9　GOS-X 型双踪示波器

注：图中标号对应零件及其功能见表 6-4。

表 6-4　GOS-X 型双踪示波器功能参数表

1	基准信号输出端（CAL）	输出 1000Hz 峰值为 2V 的脉冲信号，示波器自校使用
2	电源指示灯	示波器电源指示
3	电源开关（POWER ON/OFF）	示波器总电源
4	辉度钮（INTEN）	调节显示波形的辉度
5	触发方式（TRIGGER）	可响应的最高转速，在此转速下发生的脉冲可响应公式如下：最大响应频率（Hz）/（脉冲数/转）×60＝轴的转速 rpm
6	聚焦钮（FOCUS）	调节显示的聚焦状态
7	旋转调整钮（TRACE ROTATION）	调整扫描线的水平度，如果扫描的波形倾斜可以用平头螺丝刀调整此处。
8	（8）刻度盘照明度调节钮（ILLUM）	旋转调节钮可调整方格刻度盘的亮度。
9，20	垂直位置调节钮（POSITION）	调整扫描图像的垂置位置
10，19	交流-接地-直流（AC-GND-DC）切换开关	是输入信号与垂直放大器之间的信号耦合方式选择开关。AC 是交流耦合方式，用隔直流电容耦合；DC 是直流耦合方式，可显示信号的直流分量和交流分量之和；GND 是将输入信号的接地
11，18	被测信号的输入插座 CH1 和 CH2	两个输入信号的输入接口
12，16	输入信号的衰减开关	从每格 5mV（5mV/DIV）到每格 5V（5V/DIV）有 10 挡，又称垂直灵敏度开关，可根据输入信号的电压幅度调整，使显示的波形适中
13，17	垂直灵敏度微调钮	调整范围为刻度值的 1/2.5。当此钮拔出后为放大 5 倍的值。
14	垂直显示方式（VERT）选择开关	用来选择 CH1、CH2 信道放大器的工作模式和内触发信号。只显示 CH1 的输入信号，并用 CH1 的信号做触发信号。只显示 CH2 的输入信号，并用 CH2 的信号做触发信号。
14	DUAL	显示 CH1、CH2 两个信道的信号。触发信号由○26 号开关和○5 号交替开关（ALT）选择。
14	ADD	显示两个信号的代数和或差（CH1+CH2 或 CH1-CH2），内触发信号由○26 键选择。

17	同步微调 （HOLD OFF）钮	
18	触发电平调整 （LEVEL）微调同步钮	设置波形的同步起点。+向调整在显示波形的上的位置上移。
23	为外触发信号输入端。	
24	倾斜调整 （SLOPE）开关	
25	耦合方式 （COUPLING） 调整开关	
26	准备（READY）	
27	触发模式 （TRIGGER MODE） 选择键	AUTO：当设有触发信号时或是触发信号的频率低于50Hz时，扫描处于自由状态。 NORM：当无触发信号作用时，扫描处于准备状态，轨迹取消，主要用于观察50Hz以下的信号。 TV—H：用于观察电视信号中行信号波形。 TV—V：用于观察电视信号中场信号波形。 PUSH TO RESET：复位开关，当上述三个键都不按下时，电路处于单信号触发模式，当电路重新启动时，READY指示灯亮，单扫描结束时，指示灯灭。
29	显示方式 （DISPLAY MODE） 选择键	按键选择A、B显示方式。A：用于总波形的主扫描方式。 B：只显示B的延迟扫描。 B TRJG D在连续延迟和触发延迟之间选择。 接合（engaged）：用于触发延时，由A扫描的延迟时间（DE-LAY TIME）和时间轴（TIME/DIV）开关设定后，当触发脉冲作用时，B扫描开始。（触发信号对A扫描和B扫描都起作用。） 不接合（Disengaged）：用于连续扫描，A扫描的延迟设定后立即开始B扫描。延迟时间开关为
30	（DELA TIME）	延迟时间位置键为（34）（DELAY TIME POSITION）。

4. 基本操作方法

（1）显示水平扫描基线。

打开电源开关前先检查输入的电压，将电源线插入后面板上的交流插孔，按以下示波器控制键及开关位置设定各控制键。

所有控制键如下设定后，打开电源。顺时针调节亮度旋钮，水平扫描基线就会在大约 15s 后出现。调节聚焦旋钮直到扫描基线最清晰。改变 CHl 位移旋钮。将扫描基线调到屏幕的中间。如果没有扫描基线，可能原因是辉度太暗，或是垂直、水平位置不当，应加以适当调节。

（2）用本机校准信号检查。

使用探头连接线将通道 CHl 输入端接至校准信号输出端，在设置面板上开关、旋钮，此时在屏幕上出现一个周期性的方波。若探头采用 1：1，则波形在垂直方向应占 5 格，周期在水平方向占 2 格，此时说明示波器的工作基本正常。如果波形不稳定，可调节触发电平（TRIG LEVEL）旋钮。

（3）观察被测信号。

将被测信号接至通道 CHl 输入端，（若需同时观察两个被测信号，则分别接至通道 CH1、通道 CH2 输入端），面板上开关、放钮位置参照表 适当调节 VOLTS/DIV、TIME/DIV LEVEL 等旋钮，使在屏幕上显示稳定的被测信号波形。

（4）信号测量。

电压测量在测量时应把垂直微调旋钮顺时针旋至校准位置，这样可以按 VOLTS/DIV 计算被测信号的电压大小。由于被测信号一般含有交流和直流两种分量，因此在测试时应根据以下方法操作。

表 6-5　信号测量表

控制键名称	位置
亮度（INTENSITY）	中间
聚焦（FOCUS）	中间
耦合选择开关（AC-GND-DC）	接地（GND）
垂直位移（POSITION）	中间（＊5 扩展键弹出）
垂直工作方式（MODE）	CH1
触发方式（TRIG MODE）	自动（AUTO）
触发源（SOURCE）	内（INT）

续表

控制键名称	位置
触发电平（TRIG LEVEL）	中间
扫描时基因数（TIME/DIV）	0.5 ms/div
衰减器开关（VOLTS/DIV）	0.1V
水平位置	＊1（＊5MAG 和 ALT 扩展键弹出）
垂直微调旋钮（VARIABLE）	校准
扫描微调控制键（VARIABLE）	校准

①直流电压的测量。

电压测量见图 6-10。设定耦合选择开关（AC-GND-DC）至 GND，将零电平基准线定位到屏幕上最佳位置。将衰减器开关（VOLTS/DIV）设定到合适的位置，然后将耦合选择开关（AC—GND—DC）拨至 DC。直流信号将会产生偏移，根据波形偏离零电平基准线的垂直距离 H（div）及 VOLTS/div 的指示值，可以算出直流电压的数值，即 $U=V/\text{div}\times H$。

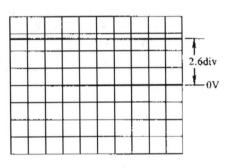

图 6-10 交流电压波形

例如，如果 VOLTS/div 是 50 mV/div，偏移量 H 为 2.6 div，则直流电压为：

$U=V/\text{div}\times H=50\text{ mV/div} \times 2.6\text{ div}=130\text{ mV}$；

如使用探头置 10∶1 位置测量，实际的信号电压值是

$U=50\text{ mV/div}\times2.6\text{div}\times10=1.3\text{ V}$。

②交流电压的测量。

与测量直流电压一样，将零电平基准线定位到最佳位置。如果交流信号被重叠在一个高直流电压上，可将耦合选择开关

（AC—GND—DC）拨至 AC，隔离信号中的直流部分。调节衰减器开关（VOLTS/DIV），使屏幕上显示的波形幅度适中，调节 Y 轴位移旋钮，使波形显示值便于读取。根据衰减器开关（VOLTS/div）的指示值和波形在垂直方向的高

度 H（DIV），被测交流电压的峰峰值可由下式计算出：

$$U_{P-P} = V/\text{div} \times H$$

例如，如果 VOLTS/div 是 1V/div，偏移量 H 为 5 div，则交流电压的峰峰值为 $U_{P-P} = V/\text{div} \times H = 1\ \text{V/div} \times 5\ \text{div} = 5\text{V}$。

（5）时间测量。

时间测量见图 6-11。对信号的周期或信号任意两点间的时间参数进行测量时，首先扫描微调控制键（VARIABLE）必须顺时针旋至校准位置。然后，调节有关旋钮，显示出稳定的波形，再根据信号的周期或需测量的两点间的水平距离 D（div），以及扫描时基因数（TIME/div）开关的指示值，由下式计算出时间：

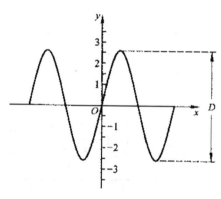

图 6-11　时间测量

$$T = \text{SEC/div} \times D$$

当需要观察信号的某一细节（如快跳变信号的上升或下降时间）时，可将扩展控制镀（MAG×5）按下去，使显示的距离在水平方向得到 5 倍的扩展，此时测量的时间应按下式计算：$T = \text{SEC/div} \times D/5$。

①周期的测量。

如果波形完成一个周期，A、B 两点的水平距离 D 为 4 div，扫描时基因数为 2 ms/div，则周期为：$T = 2\text{ms/div} \times 4\ \text{div} = 8\ \text{ms}$

②脉冲上升时间的测量。

脉冲上升时间的测量见图 6-12。如果波形上升沿的 10% 处（A 点）至 90% 处（B 点）的水平距离 D 为 1.6 div，扫描时基因数（TIME/div）置于 1 μs/div，扩展按键（MAG×5）按下去那么可计算出上升时间为 $T_x = 1\ \mu\text{s/div} \times 1.6\ \text{div}/5 = 0.32\ \mu\text{s}$

如果被测波形的上升时间明显比示

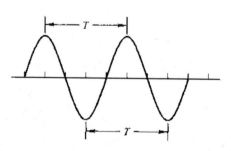

图 6-12　脉冲上升时间的测量

波器给出的上升时间大许多，在测量上升时间时可将示波器的上升时间忽略不计，可按测量的指示值计算求得。否则，要加以修正。一般来说，示波器的上升时间和频率带宽之间存在下列关系：

$$T_r \times WB = 350$$

上式中：T_r——上升时间（μs）；BW——带宽（MHz）。本机示波器的上升时间 Ts 为 175 ns。

③脉冲宽度的测量。

脉冲宽度的测量见图 6-13。如波形上升沿 50%处至下降沿 50%处间的水平距离 D 为 4.5 格，扫描时基因数（TIME/div）为 0.1 ms/div，则脉冲宽度为

$$D = 0.1 \ ms/div \times 4.5/div = 4.5 \ ms$$

④两个相关信号时间差的测量。

信号时间差的测量见图 6-14。将两个信号分别输入通道 CHl 和 CH2，触发源为内触发（INT），将垂直工作方式设定为双踪，利用交替触发显示方式，双踪显示出信号波形。选择合适的扫描速度，可以测出两个传导的时间差。

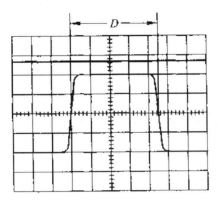

图 6-13　脉冲宽度测量

如扫描时基因数（TIME/div）置于 50μs/div，两测量点间的水平距离 $D = 1.5$div，则时间差为：

$$t = 50 \ μs/div \times 1.5 \ div = 75 \ μs$$

（6）使用注意事项。

为了安全、正确地使用示波器，必须注意以下问题。

①使用前应检查电网电压是否与仪器要求的电源电压一致。

②显示波形时，不宜过亮，以延长示波管的寿命。若中途暂时不观测波形，应将亮度调低。

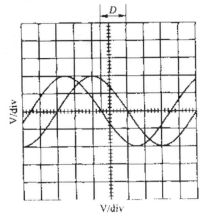

图 6-14　信号时间差的测量

③定量观测波形时，应尽量在屏幕的中心区域进行，以减小测量误差。

④被测信号电压（直流加交流的峰值）的数值不应超过示波器允许的最大值。

⑤调节各种开关、旋钮时，不要过分用力，以免损坏。

⑥探头和示波器应配套使用，不能互换，否则可能导致误差或波形失真。

（四）直流电阻测试仪

直流电阻测试仪简称直流电阻测量仪、直流电阻仪、变压器直流电阻测试仪、直流电阻检测仪和直流数字电桥等。它是取代直流单、双臂电桥的高精度换代产品。直流电阻快速测试仪采用了先进的开关电源技术，由点阵式液晶显示测量结果。克服了其它同类产品由 LED 显示值在阳光下不便读数的缺点，同时具备了自动消弧功能。

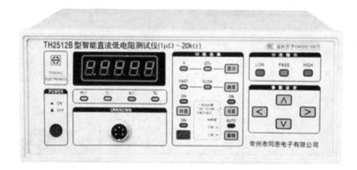

图 6-15　TH2512 型直流电阻测试仪

本系列教材初级教材已对 TH2512 型直流电阻测试仪为例，进行了详细的使用介绍，此节不在叙述，如图 6-15 所示。

（五）绝缘测试仪

绝缘测试仪最为常用设备仪器，已在前面章节进行介绍，详情参考本书第一章电工常用工具的使用方法，如图 6-16 所示。

图 6-16　福禄克 1508 绝缘电阻测试仪

（六）耐压仪

耐压测试仪，根据其作用可称为电气绝缘强度试验仪、介质强度测试仪等。其工作原理是，把一个高于正常工作的电压加在被测设备的绝缘体上，持续一段规定的时间，加在上面的电压就只会产生很小的漏电流，则绝缘性较好，如图 6-17 所示。

图 6-17　耐压测试仪

1. 操作前准备

（1）检查地线端接地是否处于良好状态。

（2）操作人员使用前应戴上绝缘手套，脚下垫好绝缘皮垫。

（3）插上 220V 电源插头，将"高压调节"度盘逆时针方向旋转回零，按下电源开关。

2. 操作步骤

（1）将高压表笔（红色）输出端悬空放好。

（2）先按下"启动"按钮，按下"漏电流预置"开关，选择漏电流量程，漏电流的值。

（3）将定时开关打开，将时间设定为测试要求时间。

（4）旋转"高压调节"度盘，设定测试电压值为测试要求电压。

（5）开始测试前将红、黑表笔接触点检治具（点检治具为 600Ω 的电阻），当仪器发出报警时，则表明仪器正常。

（6）当仪器不能正常报警时，操作员应立即停用且报告给主管，主管应立即给予处理，生产线换用已经校验之耐压测试仪，且不能正常报警之耐压测试仪应做送修处理（修理后需经法定计量方可重新使用），并追溯已检验之产品。

（7）在第 5 步完成后，按下"复位"按钮，在确定电压指示为"0"，测试灯熄灭的情况下，将高压表笔夹（红色）和低压表笔夹（黑色）分别接到被测电器 LN 端和金属外壳上合格，若有声光报警则认为被测试品不合格。

（8）按下"启动"按钮，测试灯亮。按规定的时间测试高压，若无声光报警则认为高压测试合格，若有声光报警则认为被测试品不合格。

（9）重复（7）和（8）动作直至所有测试完毕。

（10）使用完毕后，放好两表笔，逆时针方向旋转"高压调节"度盘到零位，关闭电源开关。

（七）噪声测试仪

1. 基本使用方法

（1）档位调整。按下电源开关，屏幕显示其默认测量档位 40~90dB 档以及实时

测量声级。若屏幕出现"UNDER"或"OVER"，则表示当前所测声级不在该档位之间，需要按 LEVER▲或▼键调整档位。

（2）加权模式的选择。按 A/C 键选择。当需要测量以人为感受的声级时选择 A 加权模式，当测量实际的声级时选择 C 加权模式。

（3）读取实时的声级选择 FAST，要获取当时的平均声级选择 SLOW，可按 FAST/SLOW 键选择。若要读取最大值，按 MAX 键。当在夜晚测量需打开屏幕背景灯时，按右下角的 RS232 键。

（4）设置时间日期。在关机状态下按住 MAX 键再开机，屏幕显示时间状态，按 LEVER▲或▼键调整数据，按 MAX 键切换分、时、日、月等，调整完后关机。

2. 数据存取方法

（1）在仪器内存储数据。按 FAST/SLOW 键两秒以上，当屏幕闪烁有 RECORD 字符时松开，此时仪器开始存储实时测量数据，直到屏幕显示 FULL 字符时说明已存满。

（2）在仪器内删除数据。按 LEVER▲键两秒以上，当屏幕出现 ELR 大字符时松开，再按▼键两秒以上，当屏幕闪烁时松开，此时数据删除，屏幕恢复正常显示。

（3）向计算机发送数据。首先在电脑上安装 Sound Lever Meter 程序，将仪器与电脑连接，运行 Sound Lever Meter 程序，在打开界面上点击 START 开始接收数据。按住仪器的 A/C 键两秒以上，屏幕左上角出现 SENDING MEMO 字符，此时开始向计算机发送仪器内数据，直到将存储的资料发完。发送期间计算机的声级计工作界面会弹出一 Downloading Please Wait 提示框，发送完毕后再次弹出一个对话框，输入名字保存即可。

（4）在计算机上读取数据。运行 Sound Lever Meter 程序，点击 File 下面的 Open，找出文件打开。

第二节　电气装配与安全装置质量检查

一、一般电气零部件的电气符合及外形

风力发电机组电气原理图中常用电气图形符号，见表 6-6。

表 6-6　常用电气图形符号

序号	名称	图形符号	器件/设备
1	开关或触点	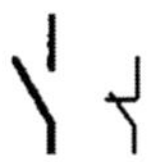	
2	熔断器		

续表

序号	名称	图形符号	器件/设备
3	热敏开关		
4	熔断式断路器		
5	空开		
6	马达断路器		
7	漏电保护开关		
8	蓄电池		
9	指示灯		
10	端子		
11	哈丁头		

序号	名称	图形符号	器件/设备
12	温度传感器 Pt100		
13	加热器		
14	照明灯		
15	电阻		
16	防雷模块		
17	温控开关		
18	继电器或接触器控制线圈		
19	急停按钮		
20	按钮开关		

续表

序号	名称	图形符号	器件/设备
21	钥匙开关		
22	三相变压器		
23	电机		
24	压力开关		
25	电磁阀		
26	油位计		
27	电位计		
28	接近开关		

二、各类传感器装配要求

1. 温度传感器

风力发电机常用的温度传感器有热电偶和热电阻，其在设备中的安装方法和测量误差如图6-18所示。安装时要注意机械强度，特别是高温中保护管的变形。另外，为了避免保护管的热损失对元件温度的影响，需要考虑流向和保护管的外形、插入长度、保温、隔热等问题。

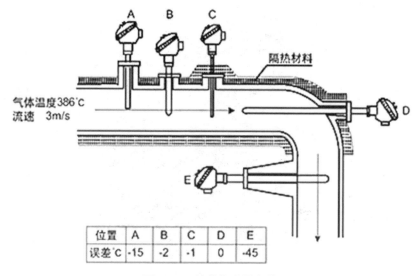

位置	A	B	C	D	E
误差℃	-15	-2	-1	0	-45

图6-18　铠装传感器安装

2. 机舱位置传感器

（1）用清洗剂和大布将传感器支架清理干净。

（2）如图6-19所示，用螺栓将机舱位置传感器安装在传感器器支架上；再用2个M12×65-8.8螺栓和2个φ12垫圈将计数器支架固定在底座上，螺栓先用手旋紧。

图6-19　机舱位置传感器安装

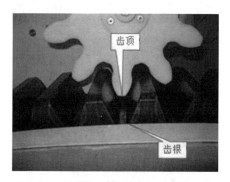

图6-20　机舱位置传感器齿距标准

（3）调整机舱位置传感器支架的安装位置，如图 6-20 所示，使凸轮计数器的齿轮（10 齿）的齿顶与偏航轴承齿的齿根之间间隙为 15~20 mm；

机舱位置传感器内部接线如图 6-21 所示，接线在前章节机舱工艺里都有介绍，此节不做重复叙述。

图 6-21　机舱位置传感器内部接线

3. 振动开关及其支架的安装

（1）清洗剂和大布将振动传感器支架清理干净。

（2）如图 6-22 所示，用 2 个 M12×65-8.8 螺栓和 2 个 φ12 垫圈将振动传感器支架固定在底座上，螺栓的螺纹旋合部分涂螺纹锁固胶，每个螺栓耗量约 0.7g，合计约 1.5g。螺栓的紧固力矩值为：T=50N·m。

图 6-22　振动开关安装

图 6-23　振动开关安装要求

（3）如图6-23所示，将振动开关安装在支架上；用两个M6×10的螺钉在振动开关支架上安装两个扎线座；螺栓的螺纹旋合部分涂螺纹锁固胶，每个螺栓耗量约0.3g，合计约0.5g；用端子起将振动摆锤安装在振动开关上，图中L=100 mm。

振动开关接线在前章节机舱工艺里都有介绍，此节不做重复叙述，如图6-24所示。

图6-24　振动开关内部接线

4. 限位开关

限位开关的安装接线在前章节叶轮工艺里都有基础的讲解，此节针对某厂的实际安装接线情况为例，进行细致讲解。

如图6-25所示，将变桨限位开关用4个M5×45的内六角螺栓安装在变桨支架的图示位置上。限位开关安装螺栓用手上紧即可，使限位开关处于非固定状态，试验时再紧固。

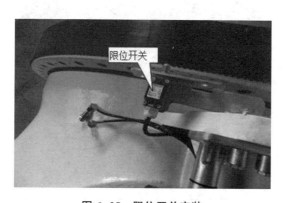

图6-25　限位开关安装

5. 变桨接近开关

接近开关的安装接线在前章节叶轮工艺里都有基础的讲解，此节针对某厂的实际安装接线情况为例，进行细致讲解。

如图6-26所示，将5°和87°传感器（即插头式接近开关）安装在图示位置。

安装时用手将螺母上紧即可，且传感器后部螺母必须安装专用弹性垫片，传感器端部露出螺母一道丝扣即可，具体的安装位置在试验时进行调节。

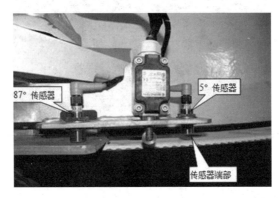

图6-26　接近开关安装

如图6-27所示，用φ6的缠绕管将5°传感器、87°传感器电缆进行防护350 mm，用φ10的缠绕管将限位开关电缆进行防护，并与5°和87°传感器电缆汇合后继续用φ10的缠绕管将限位开关电缆、5°传感器电缆和87°传感器电缆进行防护。用三根G300IB捆扎带将限位开关电缆和5°、87°传感器电缆沿电缆固定支架总成固定。

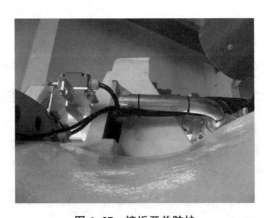

图6-27　接近开关防护

三、电缆敷设要求

电缆的路径选择，应符合下列规定。

（1）应避免电缆遭受机械性外力、过热、腐蚀等危害。

（2）在满足安全要求的条件下，应保证电缆路径最短。

（3）应便于敷设、维护。

（4）宜避开不平整的地方。

（5）充油电缆线路通过起伏地形时，应保证供油装置合理配置。电缆在任何敷设方式及其全部路径条件的上下左右改变部位，均应满足电缆允许弯曲半径要求。

（6）电缆的允许弯曲半径，应符合电缆绝缘及其构造特性要求。对自容式铅包充油电缆，其允许弯曲半径可按电缆外径的 20 倍计算。

（7）同一通道内电缆数量较多时，若在同一侧的多层支架上敷设，应符合下列规定：

①应按电压等级由高至低的电力电缆、强电至弱电的控制和信号电缆、通讯电缆"由上而下"的顺序排列。

当水平通道中含有 35kV 以上高压电缆，或为满足引入柜盘的电缆符合允许弯曲半径要求时，宜按"由下而上"的顺序排列在同一工程中或电缆通道延伸于不同工程的情况，均应按相同的上下排列顺序配置。

②支架层数受通道空间限制时，35kV 及以下的相邻电压级电力电缆，可排列于同一层支架上，1kV 及以下电力电缆也可与强电控制和信号电缆配置在同一层支架上。

③同一重要回路的工作与备用电缆实行耐火分隔时，应配置在不同层的支架上。

（8）同一层支架上电缆排列的配置，宜符合下列规定：

①控制和信号电缆可紧靠或多层叠置。

②除交流系统用单芯电力电缆的同一回路可采取品字形（三叶形）配置外，对重要的同一回路多根电力电缆，不宜叠置。

③除交流系统用单芯电缆情况外，电力电缆相互间宜有 1 倍电缆外径的空

隙。交流系统用单芯电力电缆的相序配置及其相间距离，应同时满足电缆金属护层的正常感应电压不超过允许值，并宜保证按持续工作电流选择电缆截面小的原则确定。

未呈品字形配置的单芯电力电缆，有两回线及以上配置在同一通路时，应计入相互影响。

（9）交流系统用单芯电力电缆与公用通讯线路相距较近时，宜维持技术经济上有利的电缆路径，必要时可采取下列抑制感应电势的措施：使电缆支架形成电气通路，且计入其他并行电缆抑制因素的影响。沿电缆线路适当附加并行的金属屏蔽线或罩盒等。

四、电气元件、组件安装要求

所有元器件应按制造厂家规定的安装条件进行安装，主要注意以下几点。

（1）适用条件。

（2）需要的灭弧距离。

（3）拆卸灭弧栅需要的空间等，对于手动开关的安装，必须保证开关的电弧对操作者不产生危险。

组装前的注意事项如下所示：

（1）组装前首先看明图纸及技术要求

（2）检查产品型号、元器件型号、规格、数量等与图纸是否相符

（3）检查元器件有无损坏

（4）必须按图安装（如果有图）

（5）元器件组装顺序应从板前视，由左至右，由上至下

（6）同一型号产品应保证组装一致性

（7）面板、门板上的元件中心线的高度应符合表6-7规定

表6-7 元器件安装高度表

元器件名称	安装高度（mm）
指示仪表、指示灯	0.6~2.0

续表

元器件名称	安装高度（mm）
电能计量仪表	0.6~1.8
控制开关、按钮	0.6~2.0
紧急操作件	0.8~1.6

组装产品应符合以下条件。

（1）操作方便。元器件在操作时，不应受到空间的防碍，不应有触及带电体的可能。

（2）维修容易。能够较方便地更换元器件及维修连线。

（3）各种电气元件和装置的电气间隙、爬电距离应符合 4.4 条的规定。

（4）保证一、二次线的安装距离。1.9 组装所用紧固件及金属零部件均应有防护层，对螺钉过孔、边缘及表面的毛刺、尖锋应打磨平整后再涂敷导电膏。

此外，还有以下其他一些注意事项。

（1）对于螺栓的紧固应选择适当的工具，不得破坏紧固件的防护层，并注意相应的扭矩。

（2）主回路上面的元器件，一般电抗器、变压器需要接地，断路器不需要接地。

（3）对于发热元件（例如管形电阻、散热片等）的安装应考虑其散热情况，安装距离应符合元件规定。额定功率为 75W 及以上的管形电阻器应横装，不得垂直地面竖向安装。

（4）所有电器元件及附件，均应固定安装在支架或底板上，不得悬吊在电器及连线上。

（5）接线面每个元件的附近有标牌，标注应与图纸相符。除元件本身附有供填写的标志牌外，标志牌不得固定在元件本体上。

①端子的标识（见图 6-28）。

图 6-28　端子标识

②双重标识（见图 6-29）。

图 6-29　双重标识

（6）标号应完整、清晰、牢固。标号粘贴位置应明确、醒目。

（7）安装于面板、门板上的元件、其标号应粘贴于面板及门板背面元件下方，如下方无位置时可贴于左方，但粘贴位置尽可能一致。

（8）保护接地连续性

①保护接地连续性利用有效接线来保证。

②柜内任意两个金属部件通过螺钉连接时如有绝缘层均应采用相应规格的接地垫圈并注意将垫圈齿面接触零部件表面（红圈处），或者破坏绝缘层。

③门上的接地处（红圈处）要加"抓垫"，防止因为油漆的问题而接触不好，而且连尽量要短

（9）安装因振动易损坏的元件时，应在元件和安装板之间加装橡胶垫减震。

（10）对于有操作手柄的元件应将其调整到位，不得有卡阻现象。

（11）将母线、元件上预留给顾客接线用的螺栓拧紧。

五、安全防护装置安装的要求

1. 齿轮啮合传动的防护

齿轮啮合传动主要有油齿轮（直齿轮、斜齿轮、伞齿轮、齿轮齿条等）啮合传动、涡轮蜗杆和链传动等。

齿轮传动机构必须装置全密封型的防护装置。应该强调的是，机器外部绝不允许有暴露的啮合齿轮，不管啮合齿轮处于何种位置，因为即使啮合处于操作人员不常到的地方，但工人在维护保养机器时也有可能与其接触而带来不必要的伤害。

如果发现啮合齿轮暴露，就必须进行改造，加上防护罩。齿轮传动机构没有防护罩不得使用。防护装置的材料可用钢板或铸件箱体，必须坚固牢靠，并保证在机器运行过程中不发生振动。

2. 皮带传动机械的防护

皮带传动机构的危险部分是皮带接触头、皮带进入皮带轮的地方。皮带传动装置的防护罩采用金属骨架的防护网，与皮带的距离不应小于 50 mm。一般传动机构离地面 2 m 以下，应设置防护罩。但在下列三种情况下，即使在 2 m 以上也应加以防护：皮带轮中心距之间的距离在 3 m 以上；皮带宽度在 15 cm 以上；皮带回转的速度在 9 m/min 以上。这样，万一皮带发生断裂时，也不至于落下伤人。

3. 联轴器等的防护

一切突出于轴面而不平滑的物件（键、固定螺钉等）均增加了轴的危险性。联轴器上突出的螺钉、销、键等均可能给人带来伤害。因此对联轴器的安全要求是不允许有突出的部分，但这样做往往还没有彻底排除安全隐患，而根本的办法就是加装防护罩，最常用的防护罩是 Ω 型防护罩。

根据安全装置质量检查记录表的要求填写相关记录。

 思考题：

1. 温度传感器如何接线？

2. 耐压仪的使用方法是什么？

3. 绝缘测试仪有哪些使用方法？

4. 一份完整的图纸由哪些组成？

5. 如何解读一份完整的工艺文件？

参考文献

［1］刘光源. 电工布线手册 ［M］. 北京：电子工业出版社，2013.

［2］丁荣军，黄济荣. 现代变流技术与电气传动 ［M］. 北京：科学出版社，2009.

［3］崔文刚. 直驱永磁风力发电机冷却系统的分析 ［J］. 中国科技纵横，2012（16）.